새빨간
거짓말
통계

새빨간
거짓말
통계

대럴 허프 지음 · 박영훈 옮김

HOW TO LIE
WITH
STATISTICS

prologue

"마을에 범죄가 많은가 보네."

신문을 읽던 장인어른이 하신 말씀이나.

장인어른이 아이오와주에서 현재 살고 있는 캘리포니아주로 이사를 온 것은 최근의 일이다. 그리고 장인어른이 읽는 소위 지방지라는 것이 마을에서 발생하는 범죄란 범죄는 하나도 빠뜨리지 않고 싣는 것은 물론이고, 심지어는 멀리 떨어져 있는 아이오와주에서 발생한 살인사건마저도 본고장의 주요 일간지보다 더 심도 있게 다루고 있으니, 장인어른 말씀에도 일리가 있다.

장인어른이 내린 결론은 그런대로 비형식적이기는 하지만 통계적으로는 의미 있는 결론이다. 비록 왜곡된 표본에 의한 것이기는 하지만 소위 통계학에서 말하는 표본을 사용하여 얻어낸 결론이기 때문이다.

물론 이것도 다른 더 복잡한 통계 숫자와 마찬가지로 견강부회식 결론인데, 그 근거가 신문에 실리는 범죄 사건의 기사

양식이었기 때문이다.

몇 년 전 어느 겨울, 10여 명의 의사들이 각자 항히스타민제에 관한 연구결과를 발표한 일이 있었다.

이 보고서는 항히스타민제를 복용한 감기 환자의 상당수가 치료됨을 보여 주고 있었는데, 그러자 약품광고에서부터 호들갑을 떨며 감기약으로 날개 돋친 듯 팔리는 야단법석이 펼쳐졌다. 일반 대중들의 약품에 대한 끊임없는 기대와 그리고 약품에 대해 옛날부터 잘 알려져 온 사실까지도 좀처럼 믿으려하지 않으면서 통계 숫자에는 쉽게 의존하는 태도가 그 원인이었다. 권위 있는 의사 선생님은 아니었지만 유머작가인 헨리 펠젠Henrry G. Felsen은 이미 오래 전에, 감기란 적절한 치료만 한다면 7일 이내에 낫고 그냥 내버려 두어도 기껏 1주일 정도만 앓게 되는 병이라고 풍자한 적이 있었다.

당신이 읽고 듣는 것도 마찬가지이다. 평균, 상관관계, 경향,

그래프 등등은 항상 눈에 나타나는 그대로가 아니다. 눈으로 보는 그 이상의 뜻이 포함되어 있을지도 모르고, 또 어쩌면 별다른 뜻이 없을 수도 있다.

통계학이라는 비밀스러운 술어는 증거를 중요시하는 문화를 가진 현세에서 사람들을 선동하거나 혼란에 빠뜨리게 하며, 사물을 과장하거나 극도로 단순화하기 위해 자주 이용된다. 사회나 경제의 동향, 기업의 경영상태, 여론조사, 국제조사 등 방대한 데이터를 기록하는 데 있어 통계적 방법과 통계적 용어는 결코 없어서는 안 될 용어들이다.

그러나 그 용어를 올바르게 이해하고 정직하게 사용하는 발표자와 사용된 용어의 뜻을 올바르게 이해할 수 있는 대중들이 함께 하지 않는다면 그 결과는 황당한 말장난에 불과할 것이다.

대중을 위한 과학책에서도 통계의 남용이 난무한다. 조명도 열악한 연구실에서 초과수당의 혜택도 없이 밤을 새며 연구에 몰두하는 하얀 실험복을 입은 영웅들의 업적을 도로아미타불로 만들고 있다.

약간의 화장으로 새로운 사람을 만들 듯이 통계는 여러 사실들을 전혀 다른 것들로 꾸며낼 수가 있다. 물론 잘 꾸며진 통계 숫자라 해도 히틀러가 행한 엄청난 사기보다 낫기는 하다. 사람을 속이기는 하나 꼼짝 못하게 하는 일은 일어나지 않기 때문이다.

이 책은 통계를 써서 어떻게 사람을 속일 수 있는지에 관한 입문서와 같다. 어쩌면 사기꾼을 위한 사전과도 흡사하다.

자물쇠를 어떻게 살짝 여는지, 발소리가 나지 않도록 하면서 어떻게 사뿐히 걸어다녀야 하는지 등에 관한 대학원 과정 같은 것을 은퇴한 늙은 도둑이 개설하면서 집필한 책 정도로 정당화할 수 있을 것 같다.

도둑이라면 이미 알고 있는 트릭이기는 하지만 정직한 일반 사람들이 속아 넘어가지 않기 위한 안내서가 될 수 있기 때문이다.

차
례

prologue

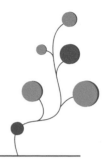

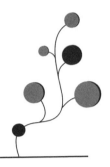

PART 1

언제나
의심스러운
여론조사

예일대학 졸업생의 연평균소득

"1924년도 예일대학 졸업생의 연간 평균소득은 25,111달러이다."

〈뉴욕 선New York Sun〉지에 실린 기사를 논평하면서 주간지 〈타임Time〉이 특별히 인용한 글이다.

정말 갑부들이네!(역주: 1950년대 당시 미국인의 1인당 연간 평균 국민 소득은 약 1,900달러였다.)

그런데 잠깐만! 도대체 이 숫자가 뭘 말해 주는 거지? 만약 우리 자식을 예일대학에 입학시켜 놓기만 하면 우리는 물론이고 자식까지도 노후에 일하지 않고 잘살 수 있다는 뜻일까?

잠깐 의혹의 눈으로 이 숫자를 쳐다보면 다음 두 가지 사실을 곧 알아챌 수가 있다. 우선 그 숫자가 너무나도 정확하다는 사실이고, 그 다음은 현실과 거리가 먼 너무나도 큰 액수라는 점이다.

어느 누가 감히 고소득층의 평균소득을 1달러 단위까지 자세히 알아낼 수 있겠는가? 월급만 받는다면 쉽게 계산할 수 있겠지만 그렇다 하더라도 작년에 자신이 소득을 얼마나 올렸는지 누구나 그렇게 정확하게 기억할 수는 없을 것이다. 더구나 25,000달러의 소득을 올렸다면 이를 모두 월급으로 받았다고 볼 수는 없는데, 그 정도의 소득계층에 있는 사람들은 대부분 여러 곳에 투자하게 마련이다.

더군다나 25,111달러라는 이 매력적인 평균소득은 틀림없이 예일대학 졸업생들 자신이 벌어들인 돈이라고 응답한 금액을 토대로 계산하였을 것이다. 설사 과거 그들이 무감독 시험을 치른 학생들이었다 하더라도 25년이 지난 오늘날까지 자신의 소득금액을 정직하게 신고하리라고는 아무도 확신할 수 없다. 소득이 얼마냐는 질문을 받았을 때, 어떤 사람은 허영심이나 낙천주의 때문에 실제보다 높게 답하기도 한다.

또 어떤 사람은 소득세신고 때문에 이를 축소하기도 한다. 그런 사람은 특히, 소득세신고 때 써낸 금액과 다르게 쏠까봐 겁을 먹게 되어 나중에는 다른 어떤 서류에도 항상 적게 쓰게 마련이다. 언제 세무서 사람들이 들이닥칠지 알 수 없기 때문이다.

이렇게 자신의 소득에 대한 과장이나 축소가 서로 상쇄될 수도 있겠지만 그럴 가능성은 거의 없다. 왜냐하면 둘 중 어느한 쪽이 훨씬 강하게 작용하기 때문인데, 현재 우리로서는 어느 쪽 경향이 더 강하게 작용하는지 실제로는 알 수가 없다.

표본 추출의 맹점

앞에서 우리는 상식적으로 판단하더라도 결코 사실일 수가 없는 숫자에 관해서 언급했다. 이제 실제 25,111달러의 절반도 안 되는 '평균소득'이 25,111달러로 뻥튀기 되는 오류가 어디에서 비롯되었는지 밝혀 보자.

예일대학 졸업생들에 대한 기사는 표본에서 얻은 것이다. 표본 추출의 문제는 어느 분야의 통계든 가장 중요한 핵심이라 할 수 있다. 실제로 표본 추출을 하는 방법은 매우 다양하지만 그 기본 아이디어는 매우 단순하다.

여기 콩이 한 말이 있다고 하자. 그 안에는 검은콩과 흰콩이 섞여 있다. 이때 검은콩과 흰콩의 개수를 정확하게 알 수 있는 방법은 오직 하나밖에 없다. 즉 한 알씩 모두 세어 보는 것이다.

그러나 검은콩과 흰콩이 대략 몇 개인지 알기 위한 훨씬 쉬운 방법은 있다. 손으로 콩을 한 줌 가득 집어 세어 보는 것이다. 단, 손 안에 들어 있는 검은콩과 흰콩의 비율이 콩 한 말 전체의 비율과 같다는 가정을 할 수 있다면 말이다.

추출한 표본의 크기가 충분히 크다면 그리고 그 표본을 선택하는 방법이 적절하다면, 대부분의 경우 그 표본은 모집단 전체를 대표하는 것으로 볼 수 있다.

그러나 이 두 조건 중 어느 하나라도 어긋나면 오히려 머리를 굴려 눈짐작으로 판단하여 추측하는 것이 훨씬 더 정확할지도 모른다.

하지만 사이비과학이라면 모를까 이는 결코 추천할 만한 방법이 아니다. 그럼에도 불구하고 표본 추출 방법이 잘못되어 심하게 왜곡하거나 또는 크기가 너무 작기 때문에 표본이 잘못 얻어지고, 또 이렇게 잘못 얻어진 표본에서 나온 결론들이 우리가 읽거나 잘 알고 있다고 생각하는 여러 사실 뒤에 너무나 많이 숨겨져 있다는 사실은 참으로 불행한 일이다.

예일대학 졸업생들에 관한 기사는 표본에서 얻어진 것이다. 생존해 있는 1924년도 졸업생 모두를 추적할 수는 없으니 당연히 표본을 구성해야 한다.

졸업 후 상당한 시간이 지났으니 주소불명의 졸업생도 상당수 있기 마련이다. 또 주소가 분명한 졸업생이라 하더라도, 대부분이 질문지에 회답하지 않는 것이 보통이고, 더구나 개인적인 사생활에 관한 질문지에 대해서는 더욱 더 그러하다. 우편을 통한 질문지의 경우에는 회답률이 5%에서 10% 정도만 되어도 꽤 높은 편이라 할 수 있다.

위의 경우에는 회답률이 이보다는 높았겠지만 그래도 100%는 절대로 아닐 것이다.

그러니까 위의 평균소득에 관한 숫자는 졸업생 중 주소를 알 수 있고, 그 중에서도 질문지에 대한 회답을 보내온 사람들로 이루어진 표본을 토대로 하고 있음을 알 수 있다.

그렇다면 과연 이 표본이 모집단을 대표한다고 말할 수 있을까? 즉 이 사람들의 소득이 질문지를 받지 못했거나, 질문지를 받고도 회답을 보내오지 않은 사람들의 소득과도 같다고 말할 수 있을까?

주소불명의 예일대 졸업생들

예일대학 졸업생 명부에 '주소불명'으로 처리된 길 잃은 양떼들은 도대체 어떤 사람들일까? 월가^{Wall Street}의 큰손들이거나 재벌의 중역들, 아니면 공장 사장님이나 공공기업의 간부들처럼 고소득층일까?

그렇지는 않을 것 같다. 고소득층 사람들의 주소 같으면 어렵지 않게 알아낼 수가 있으니까. 졸업생 중 성공한 대부분의 사람들은 그들이 동창회와 연락을 끊고 지내더라도 〈미국명사인명록^{Who's Who in America}〉이라든가 다른 연감 등에서 쉽게 찾아낼 수가 있다.

길 잃은 양떼들은 예일대학 학사학위를 받은 지 25년이 지났지만 빛나는 성공을 거두지 못한 사람들이라 생각해도 좋을 것이다. 그들은 평범한 사무원이거나 기계공, 또는 부랑자나 알코올 중독에 걸린 실업자, 겨우겨우 풀칠이나 하는 문필가나 예술가가 되었을지 모른다. 어쩌면 그들의 수입을 모두 합하더라도 25,111달러가 될 수 없을지도 모르고, 이들은 차비가 없어서 동창회에도 자주 나타나지 못하는 사람들일지도 모른다.

그렇다면 질문지를 받고도 그냥 쓰레기통에 구겨넣는 사람들은 어떤 부류의 사람들일까? 확실하게 말할 수는 없지만 어쩌면 대부분 자랑하고 다닐 만큼의 수입을 올리지 못하는 사람들이라고 생각해도 큰 무리가 없을 것이다.

예를 들어, 이런 사람들이 아닐까? 입사 후 첫 월급을 받았을 때, 월급봉투에 다음과 같은 종이 조각이 클립으로 끼워져 있었다고 하자.

"월급 액수는 동료들에게도 서로 비밀로 하십시오."

그러자 그는 상관에게 다음과 같이 말한다.

"걱정 마십시오. 저도 당신과 마찬가지로 형편없는 월급을 창피하게 생각하니까요."

이제 분명한 것은, 앞의 표본에서 평균소득을 가장 낮게 떨어뜨리는 두 그룹이 빠져 있다는 사실이다.

25,111달러라는 숫자의 정체가 서서히 드러나기 시작했다. 이 숫자가 알려 주는 것은, 1924년도 졸업생 중에서도 주소를 알 수 있고, 그리고 연소득이 얼마인지 기꺼이 말할 수 있는 특별한 그룹에 대한 것이라는 점이다. 그러나 이 사실마저도 신사는 거짓말을 안 한다는 가정에서만 진실인 셈이다.

거짓말쟁이들

그러나 '신사는 거짓말을 안 한다'는 이 가정을 그렇게 가볍게 다루어서는 안 된다. 시장조사라 불리는 표본조사의 한 방법에서 얻은 경험에 의하면, 이와 같은 가정은 도저히 불가능한 것으로 밝혀졌기 때문이다. 언젠가 각종 잡지의 구독 여부를 조사하기 위해 다음과 같은 질문지를 들고 가정 방문을 한 일이 있었다.

"당신 집에서는 어떤 잡지를 구독하고 계십니까?"

결과를 표로 정리해 분석하였더니 상당히 많은 사람이 〈하퍼즈Harper's〉(주로 지식층이 읽는 종합잡지)를 구독하며 〈트루 스토리True Story〉(대중적인 오락잡지)를 구독하는 사람은 그리 많지 않은 것으로 나타났다.

당시의 발행부수를 보면 〈트루 스토리〉는 수십 만 부를 발행하는 〈하퍼즈〉보다 훨씬 더 많은 수백 만 부 이상이었다. 그 표본조사의 계획자는 아무래도 응답자를 잘못 선정한 것 같다고 털어놓았다. 그러나 절대 그럴 리는 없었다. 왜냐하면 전국의 모든 주거 지역에서 이 조사가 이루어졌기 때문이다.

이 조사결과에서 유일하게 얻을 수 있는 그럴듯한 결론은, 응답자 중 상당히 많은 사람들이 질문을 받고 나서 거짓 답변을 하였다는 것이다. 즉 이 조사결과에 따르면 대부분의 사람들이 신사인 체하면서 거짓말만을 늘어놓는 속물들이라는 점이다.

어쨌든 우리는 사람들이 무슨 잡지를 읽는지 알고자 할 때 직접 물어보는 것은 아무런 소용이 없다는 사실을 알 수 있다. 차라리 질문을 던지는 것보다 집집마다 돌아다니면서 헌 잡지를 사자고 했으면 훨씬 더 많은 정보를 얻었을지 모른다. 즉 낡아빠진 〈예일 리뷰Yale Review〉(지식층들이 보는 고급 잡지)나 〈러브 로맨스Love Romance〉(저질의 오락잡지)의 과월호가 몇 부인지 세는 것이 차라리 나았을 것이다.

물론 이와 같은 미심쩍은 방법으로는 사람들이 현재 무엇을 읽고 있는지 파악할 수가 없고 단지 지금까지 무엇을 읽어 왔었는지 알 수 있을 뿐이다.

통계적 조작

비슷한 이야기이지만, 만일 당신이 언젠가 평균적인 미국인(요즘 들어서 이와 같은 평균적인 미국인이란 말을 자주 듣게 되었지만 그러한 미국인은 사실상 존재하지 않는다.)은 하루에 평균 1.02회 이를 닦는다는 기사(이 숫자는 저자가 방금 만들어 낸 숫자이지만, 누가 조사한 숫자이던 간에 큰 차이는 없을 것이다.)를 읽게 된다면 스스로 이렇게 물어 보라.

"도대체 그걸 어떻게 알아낼 수 있었지?"

수많은 광고를 통해 이를 닦지 않는 사람은 예의가 없는 사람이라고 세뇌를 받은 숙녀가 난생 처음 보는 사람에게 자신은 매일 규칙적으로 이를 닦지 않는다고 고백할 수 있을까?

따라서 이 통계 숫자는 그저 이를 닦는 것에 관해 사람들이 어떤 대답을 하는지 알고 싶을 때나 의미가 있을지는 몰라도

칫솔로 앞니를 몇 번이나 닦는지 그 횟수에 대해서는 실제로
아무것도 말해 주지 않는다.

　강물은 발원지보다 더 높은 곳으로 흘러 올라갈 수 없다고
들 한다. 그러나 만일 어느 곳엔가 양수기를 감추어 놓았다면
물이 발원지보다 높은 곳으로 흘러 올라가는 것처럼 보이게
할 수는 있다. 마찬가지로 표본조사의 결과가 그 기본이 된 표
본보다도 더 정확할 수는 없을 것이다.
　그러나 자료를 통계적 조작에 의해 몇 번이고 걸러서 그 결
과가 소수점이 붙은 평균값으로 바뀔 때쯤 되면, 그 결과가 본
래의 데이터와는 전혀 다름에도 불구하고 이상스럽게 맹목적
인 신뢰감마저 들기 시작한다. 표본을 조금만 더 자세히 들여
다보면 그 허구가 금방 드러날 수 있음에도 불구하고 말이다.

표본이 왜곡되면

암은 조기발견으로 치료될 수 있는가? 아마도 그럴 것이다. 그러나 이를 증명하기 위해 사용된 통계 숫자 중에서, 가장 신뢰할 만하다는 숫자마저도 사실은 그렇지 않음을 말해 주고 있다. 즉 코네티컷 종양 등록소(Connecticut Tumor Registry)의 기록에 의하면 1935년부터 1941년까지 5년 동안 암환자의 생존율은 꾸준히 상승하고 있는 것으로 나타났다.

그러나 실제로 이 기록은 1941년부터 시작되었으며, 1941년 이전의 것은 모두가 추적조사에 의한 것이었다. 환자들 중에는 코네티컷주를 떠난 사람이 상당수 있었는데, 그들의 생존 여부는 알 수가 없었다. 의학 평론가 레오나드 엔젤 Leonard Engel 은 이와 같이 표본에 내재한 왜곡만으로도 "생존율이 증가하였다는 주장 전체를 설명하기에 충분하다"고 했다.

통계에 있어서 가장 중요한 것은, 표본을 근거로 어떤 결론을 내릴 때 그 표본이 모집단 전체를 대표하는 것이라야 한다는 사실이다. 즉 왜곡의 원인이 되는 모든 것을 제거하고 난 표본이라야 한다는 것이다. 그래서 앞서 예를 든 예일대학 졸업생의 평균소득에 관한 숫자는 아무런 의미가 없었던 것이다. 같은 이유 때문에 신문이나 잡지 등에 실리는 상당수의 것들이 본래의 의미를 상실한 아무런 의미가 없는 쓰레기 숫자들이다.

언젠가 어느 정신과 의사가 다음과 같은 보고를 하였다.

"실제로는 모든 사람이 전부 신경증 환자이다."

이런 방식으로 말하면 신경증 환자라는 단어가 그 의미를 상실하게 되지만, 그것은 그렇다 치고 이 의사가 채택한 표본을 살펴볼 필요는 있다.

이 의사가 지금까지 관찰한 사람들은 어떤 종류의 사람들인가? 이 의사는 자신의 환자들을 조사해서 그와 같은 결론을 얻었는데, 그 환자들은 정말로 특수한 사람들이기 때문에 오랫동안 모집단의 표본이 되었던 사람들이다. 정상적인 사람이었다면 이 의사와 만날 이유가 하나도 없었으니까.

이렇게 전에 읽고 들었던 일도 다시 되돌아 보면 쓸데없이 많은 지식들을 배워야 하는 일을 피할 수가 있다.

왜곡 가능성에 대한 의심

　또 한 가지 꼭 알아두어야 할 일은, 표본이 왜곡되는 원인이 위에서처럼 뚜렷하게 눈에 보일 수도 있지만 때로는 분명하지 않을 수도 있다는 점이다. 즉 왜곡의 원인이 무엇인지 명확히 밝힐 수 없는 경우에도 어디에선가 왜곡될 가능성이 있다면 얻어진 결과에 대해 어느 정도의 의심을 품어 보아야 한다는 것이다.

　또 실제로도 그럴 가능성은 늘 존재하기 마련이다. 믿을 수 없다면, 1948년과 1952년의 미국대통령 선거결과를 보라. (역주: 1948년 선거에서 거의 모든 여론조사는 공화당 후보인 듀이 뉴욕 지사의 승리를 예언했다. 그러나 막상 뚜껑을 열어 본 결과 선거인단의 표 수는 민주당 후보인 트루먼 대 듀이가 303대 189였고, 민주당의 반대 세력이 옹립한 더몬드는 39표를 얻었다. 또 1952년의 대통령선거에서는 모든 여론조사가 민주당 후보인 스티븐슨의 대승리를 예언했지만, 결과는 공화당 후보인 아이젠하워 원수가 442대 89로 스티븐슨을 눌러 대승하였다.)

증거가 더 필요하다면 1936년으로 거슬러 올라가 〈리터러리 다이제스트Literary Digest〉지가 저지른 유명한 실수를 그 예로들 수가 있다.

앞서 벌어진 1932년의 대통령 선거 때 결과를 정확히 예측케 해 준 표본들의 명부 중에서 전화를 소유한 사람과 〈리터러리 다이제스트〉지를 구독하는 사람들 1천만 명을 표본으로 여론조사를 벌인 결과, 이 불운한 잡지의 편집진은 랜던Alfred E. Landon 후보와 루스벨트Franklin D. Roosevelt 후보의 표가 370대 161이 될 것이라고 확신하며 예측하였던 것이다. (역주: 그러나 결과는 랜던이 199표, 루스벨트가 332표를 얻었다.)

1932년도에는 그렇게 정확한 예측을 했던 사람들의 명부에서 뽑아낸 이 표본이 어째서 왜곡된 결과를 낳았을까?

이를 밝히고자 했던 여러 논문과 다른 사후 조사에 따르면, 실제로 그 결론은 왜곡된 표본에서 비롯된 것이었다. 그 이유는 1936년 당시 전화를 소유하였거나 잡지를 구독할 수 있을 만큼의 재력을 가진 사람들이 투표자 전체를 대표하는 표본이 될 수 없었기 때문이다. 그들은 경제적으로 특수층 사람들이어서 많은 사람들이 공화당을 지지하고 있었다. 그래서 이들로 이루어진 표본에 의해 랜던의 당선을 예측하였지만, 전체 유권자는 반대로 루스벨트를 대통령으로 선출하였던 것이다.

임의추출법

기초가 될 표본은 '임의추출(무작위 추출)'된 것이라야 한다.
즉 표본은 '모母집단'으로부터 순전히 우연에 의해 추출되어야
한다.

모집단이란 통계적인 용어로 표본이 추출되는 전체를 말하
는 것으로 표본은 모집단의 일부분이다.

예를 들어 순서대로 정리되어 있는 카드 묶음에서 열 번째
마다 카드를 뽑아내는 경우, 모자 가득히 들어 있는 기표용지
에서 50매를 뽑을 경우, 뉴욕 메디슨스퀘어광장을 지나가는
사람 중에서 스무 번째 사람마다 붙잡고 인터뷰하는 경우가
각 모집단으로부터 표본을 선택하는 과정이다.

물론 마지막 예는 전세계의 모든 사람이나 모든 미국인 또
는 모든 뉴욕 시민들을 대표하는 표본이 아니며, 단지 바로 그
때 메디슨 스퀘어 광장을 지나가는 사람들을 대표하는 표본일

뿐이다.

어느 여성 여론조사자는 이렇게 말했다. 자신은 인터뷰 상대를 찾기 위해 역에 가는데, 그 이유는 역에 가면 각양각색의 사람들을 만날 수 있기 때문이라고 했다.

그러나 이 말이 맞지 않는다는 건 금방 알 수 있다.

예를 들어 자녀를 키우는 어머니는 역에서 인터뷰하기 어려운데, 그 이유는 어린이를 데리고 다니는 어머니들을 역에서 찾는 일이 그리 쉽지 않기 때문이다.

임의추출인가 아닌가의 판정은 다음과 같다. 즉 모집단 안에 있는 개체들이 표본에 선택될 기회가 동일한가라는 질문을 해보는 것이다.

층별 임의추출법

완벽하게 임의추출된 표본이어야만 통계적 이론에 의해 그 결론을 전폭적으로 신뢰할 수가 있지만, 여기에도 한 가지 문제가 있다. 완벽한 표본을 얻기가 매우 힘들 뿐만 아니라 비용이 너무 많이 들기 때문에 대부분의 경우 이를 실현할 수가 없다. 때문에 여론조사라든가 시장조사 등과 같은 분야에서는 보다 경제적인 대안으로 '층별 임의추출법層別任意抽出法'이라 불리는 표본을 사용한다.

이 층별 표본을 얻으려면 모집단을 이전에 알고 있는 비율에 따라 몇 개의 그룹으로 나누어야 한다. 그런데 문제는 바로 여기에서 발생한다. 그 비율에 관한 정보가 과연 신뢰할 정도로 옳은가의 문제이다.

그래서 면접조사원에게 흑인과는 몇 명 정도 면접을 하라든가, 각 소득층의 사람들을 어떤 비율로 만나서 질문하라든 가, 농부는 몇 명 정도 만나 이야기하라는 등등의 지시를 내리지 않으면 안 된다. 동시에 이들 그룹 각각에서 절반은 꼭 40세 이상이어야 하고, 나머지 절반은 40세 이하여야 한다는 지시도 함께 내려야 한다.

이만하면 그런대로 꽤나 괜찮은 것 같다.

그러나 실제 상황은 반드시 그렇지가 않다. 흑인이냐 백인이냐 하는 문제라면 거의 모든 경우에 옳은 판단을 내리겠지만 소득계층에 관해서는 많은 오류를 범할 것이다. 농부의 경우에도 농업에 종사하면서 동시에 시내에서 일하는 사람들은 어떻게 분류할 것인가의 문제가 있다.

연령에 관한 문제도 40세보다 훨씬 나이가 많아 보이거나 40세보다 훨씬 나이가 적어 보이는 사람들을 피면접자로 선택하면 별 문제가 없을지 모르겠지만, 이 경우에도 30대 말과 40대 초반의 사람들이 누락되기 때문에 왜곡된 표본이 형성된다. 따라서 결국에는 이번에도 올바른 결론을 얻을 수 없을 것 같다.

킨제이 보고서

이 모든 상황이 해결되었다 하더라도 또 다른 문제점은 어느 한 계층 안에서의 임의추출 표본을 어떤 방식으로 만들 수 있는가 하는 문제이다. 가장 확실한 방법은 이 계층 내의 모든 사람의 명부를 작성하여 그로부터 사람들을 임의로 추출하는 것이지만 비용이 너무나 많이 드는 방법이다.

그렇다면 일단 거리에 나가보자. 그러나 이 경우에는 외출이 싫어 집에 남아 있는 사람을 표본에서 제외하게 되므로 또 하나의 왜곡된 표본이 만들어지게 된다. 그러면 이번에는 대낮에 집집마다 가정 방문을 해보자. 이 경우에는 직장인들을 제외하게 된다. 그러면 저녁에 면접을 하면 어떨까? 그래도 영화 구경을 가거나 나이트클럽에 간 친구들을 제외하게 된다.

여론조사란 결국 이와 같이 불공평한 왜곡이 형성되는 원인과의 끊임없는 싸움이라고도 말할 수 있다. 유명한 여론조사기관은 밤낮을 가리지 않고 계속해서 이와 똑같은 전쟁을 치르고 있다.

그러나 여론조사 결과를 접하는 사람들이 반드시 기억해야 할 사실은, 이 전쟁에서 이들은 절대로 이길 수 없다는 점이다. 어떤 이슈에 대하여 '67%의 국민이 반대'한다고 할 때 이것을 반드시 짚고 넘어가지 않으면 어떤 결론도 내릴 수가 없다. 그 것은 이 67%의 국민이 과연 어떤 계층의 사람들인가를 알아야 하기 때문이다.

킨제이Alfred C. Kinsey 박사의 유명한 〈킨제이 보고서의 여성판〉(역주: 킨제이 박사는 인간의 성적행동에 대한 연구를 진행해 그 결과를 다음 두 권의 책으로 출판하였다. 즉, 남성의 성적행위 Sexual Behavior in the Human Male(1948)와 여성의 성적 행위 Sexual Behavior in the Human Female(1953)가 그것이다. 이 두 보고서는 18,500명의 상담 결과를 토대로 한 것이다.)의 경우도 마찬가지이다.

추출된 표본에 기초를 둔 어떤 통계조사에서도 마찬가지이지만 그 책 또는 대중들을 위해 쓴 그 책의 요약판을 제대로 읽기 위해서는 반드시 필요하지 않은 많은 내용을 어떻게 외면하고 해석하여 읽어 나가는가 하는 점이다.

이 보고서에 담긴 표본에는 적어도 세 가지의 수준이 있었다. 킨제이 박사가 모집단으로부터 얻은 표본(제1수준)은 임의 추출과는 완전히 거리가 먼 표본으로서 도저히 전체 여성을 대표한다고 할 수 없는 표본이었다.

그렇지만 이 표본은 이 분야에서 그때까지 행한 어떠한 표본보다도 방대한 표본이었고, 따라서 반드시 정확하다고 할 수는 없지만 그가 제시한 통계 숫자는 다른 것과 비교할 때 무엇인가를 말해 주는 중요한 것이라고 인정하지 않을 수 없다.

이보다도 훨씬 더 중요하고 꼭 알아두어야 할 것이 있는데, 그것은 어떤 질문이든 간에 그 질문도 있을 수 있는 모든 질문 중의 어느 한 표본(제2수준)에 불과하다는 사실, 그리고 또 이 질문에 대한 여성들의 답변 역시 있을 수 있는 여성들의 모든 태도와 경험 중에 서 선택된 또 하나의 표본(제3수준)이라는 점이다.

질문자에 따른 왜곡된 결론

누가 인터뷰를 하느냐에 따라서도 그 결과는 미묘한 차이를 나타낸다. 제2차세계대전 중 국립여론조사기관(National Opinion Research Center)에서 미국 남부의 어느 도시에 사는 흑인 500명을 대상으로 두 조사단을 보내, 세 가지의 질문으로 인터뷰하게 한 적이 있었다.

두 조사단 중의 한쪽은 백인들로만, 다른 한쪽은 흑인들로만 구성되어 있었다.

질문 중 하나는 다음과 같다.

"만약 일본군이 미국을 점령한다면 흑인에 대한 차별은 지금보다 더 하겠는가 덜 하겠는가?"

흑인 조사단의 보고에 의하면 9%의 흑인이 차별이 덜할 것이라고 응답한 데 반해서 백인 조사단의 보고에서는 단지 2%만이 같은 답을 하였다.

한편 현재보다 차별이 더 심해질 것이라고 응답한 흑인의 수는 흑인 조사단에 의하면 25%였는 데 반해 백인 조사단에 의하면 45%나 되었다. '일본군'대신 '나치'로 질문을 바꾸었을 때도 결과는 비슷하였다.

세 번째 질문은 앞의 두 질문에 의해 밝혀진 감정에 기반을 둔 태도를 알아 보고자 한 질문이었다.

"독일, 이탈리아, 일본의 동맹국과의 전쟁에 국력을 집중하는 것과 국내에서 민주주의의 실현을 위해 집중하는 것 어느 쪽이 더 중요하다고 생각하는가?"

이 질문에 대해 동맹국 타도라고 대답한 흑인은 흑인 조사단에 의하면 39%이고, 백인 조사단에 의하면 62%였다.

이상은 그 원인이 분명하지 않지만 어쨌든 왜곡된 결론을 얻을 수 있는 예이다. 이와 같은 결과는 피면접자가 항상 면접자의 호감을 사는 응답을 하려는 경향이 있기 때문에 생기는 왜곡으로 볼 수가 있다.

이런 경향은 여론조사의 결과를 해석할 때 항상 염두에 두어야만 한다. 더구나 전시에 국가에 대한 충성심의 유무에 관련된 질문을 백인 조사자가 한다면 남부 흑인들은 당연히 실제로 자기가 느끼는 솔직한 감정보다는 백인의 마음에 드는 응답을 하게 마련이다. 이는 흑인 조사단이 백인을 상대로 질문했더라도 같은 결과를 얻었을 것이다.

어느 경우든 그 결과는 명백히 어느 한쪽으로 왜곡되어 있기 때문에 아무런 의미를 가지지 못한다. 여론조사에 기반을 둔 얼마나 많은 결론들이 이처럼 왜곡되어 있으며, 또 아무런 의미가 없는지 이제 독자 여러분은 알 수 있을 것이다.

그러나 이를 분명하게 검증하는 방법은 존재하지 않으니 참으로 유감일 뿐이다.

일반적으로 여론조사의 결론이 어느 한쪽에 치우쳐 왜곡될 수 있다는 사실을 잘 납득하기 어렵다면 〈리터러리 다이제스트〉가 저지른 오류가 납득할 수 있는 예일 것이다.

이 회사가 채택한 표본은 원래 측정하려던 모집단의 평균보다 더 부유하고, 더 교육받고, 여러 가지 정보에 더 밝고, 더 빈틈이 없고, 더 풍채가 좋고, 더 상식적으로 행동하며, 더 예의 바른 사람들로 구성되었기 때문에 그 결과가 왜곡되었던 것이다.

왜곡된 결과가 나오는 이유

　어째서 이런 왜곡된 결과가 빚어지는지 짐작하는 것은 그리 어렵지 않다. 예컨대 당신 스스로가 면접자로서 거리에 나가 면접을 한다고 해보자.

　우선 40대 이상의 흑인으로 도시에 거주하는 사람을 피면접자의 조건으로 정하고 조사를 나갔는데, 외관상 이에 합당한 것 같아 보이는 두 사람을 보았다. 그 중 한 사람은 깨끗한 작업복 차림으로 말쑥하게 보이며, 또 한 사람은 어딘가 지저분하고 심술궂게 보인다면 이 경우, 당신은 당연히 좋은 인상을 가진 사람에게 접근하여 면접을 진행할 것이다. 그리고 전국에 퍼져 있는 다른 면접자들도 당신과 같은 판단을 내릴 것이다.

　여론조사에 대해서 가장 강력히 반대하는 사람들 중에는 자유주의자와 좌익들이 많은데, 그들은 대부분의 여론조사가 속임수에 의해 조작된 것이라고 믿고 있다. 그들이 이렇게 생각하게 된 이면에는 대부분의 여론조사 결과가 대체로 보수파와는 견해가 다른 자유주의자나 좌익의 의견이나 바람과는 부합되지 않았기 때문이다. 그들은 실제 투표에서 민주당 후보가 당선되는 바로 그 직전까지도 여론조사가 공화당 후보가 당선될 거라 알려 준다고 주장한다.

실제로, 이미 우리가 앞서 보아온 바와 같이, 여론조사는 속임수까지 쓰면서 억지로 조작할 필요는 없었다. 표본 그 자체가 어느 한 방향으로 기울어져 버리는 경향이 있기 때문에 그 결과가 저절로 왜곡되어 버릴 뿐이다.

PART 2

평균은
하나가
아니다

평균치로 사기 치는 법

당신이 속물이 아니며 나 또한 부동산 중개인이 아니라는
것은 분명한 사실이지만, 일단 편의상 당신이 속물이며 내 직
업은 부동산 중개인이라 하자. 그리고 지금 당신은 내가 잘 아
는 어느 마을의 도로변에 위치한 토지를 구입하려는 고객이라
고 가정하자.

내가 당신의 신상을 대충 훑어본 후, 이런 말을 건넨다.

"이 지역 주민들의 연간 평균소득이 대략 1억 원 정도는 될
겁니다."

어쩌면 이 한마디에 당신은 이곳으로 이사하겠다는 결정을
내렸을지도 모른다. 어쨌든 당신은 결국 이 마을의 주민이 되
었고, 내가 슬쩍 흘려놓은 꽤나 괜찮은 숫자를 마음속에 간직
하고 살아갈 것이다. 실은 바로 이 때문에 앞에서 우리는 당신
을 비록 잠시 동안이지만 속물이라고 가정했던 것이다. 당신은

친구들에게 새로 이사한 동네를 소개할 때 항상 이 숫자를 입에 올릴 테니까.

1년 쯤 지나 우리는 다시 만나게 된다. 그러나 이번에 나는 부동산 중개인이 아닌 납세자대책위원회의 한 위원으로서 이 마을의 세율을 인하하거나 아니면 마을버스 요금과 같은 공공요금의 인하를 위한 청원서를 돌리고 있는 중이다. 내가 돌리는 이 청원서에는, 마을 주민인 우리들의 연간 평균소득이 2천만 원밖에 되지 않으니까 인상은 도저히 불가능하다는 요지의 자료가 수록되어 있다. 아마도 이 점에 관해서는 당신도 전폭적인 지지를 보내리라 믿는다. 당신은 속물일 뿐만 아니라 인색하기도 하니까.

하지만 당신은 우리 마을 주민의 연간 평균소득이 2천만 원밖에 되지 않는다는 사실을 듣고 꽤나 놀랐던 것 같다. 지금 내가 보여 준 숫자가 거짓인지, 아니면 작년에 들었던 그 숫자가 거짓인지 퍽 의아해 하는 모습을 보고 느낀 것이다.

하지만 그 어느 쪽 숫자도 잘못이라고 지적할 수는 없다. 이것이야말로 통계로 사기를 치는 비결 중의 비결이니까.

이 두 숫자 모두 틀림없이 합법적인 평균값으로서 정확한 계산을 통해 얻어진 값들이다. 물론 양쪽 모두 동일한 자료, 동일한 주민들, 동일한 소득을 토대로 계산한 것이다. 그렇다 하더라도 이 중 어느 한 값이 새빨간 거짓말 이상으로 사람들이 오해하게끔 유도할 것이라는 점은 분명한 사실이다.

나의 속임수는 상황에 따라 다른 종류의 평균값을 사용했다는 것이다. '평균'이란 단어의 의미가 매우 모호한 점을 이용한 것이다. 사실 이 속임수는 자주 이용되는 방법이기도 하다. 때로는 사용하는 사람 자신도 모르게 사용되기도 하지만 대중의 의견을 좌우하거나 영업 행위를 위한 광고 지면을 장식하기 위해 의도적으로 악용되기도 한다.

평균값이라 하더라도 그것이 어떤 종류의 평균값인지, 즉 산술평균값인지, 중앙값인지, 아니면 최빈값인지 이 중 어느 것을 말하는지 정확하게 알기 전에는 그 어떤 평균도 아무런 의미가 없으니까.

다음을 통해 여러 평균값을 구하는 법을 알 수 있다. 다음 자료에서 산술평균값, 중앙값, 최빈값을 각각 구하여 보자.

- 산술평균값 : $\dfrac{10+8+8+5+5+5+5+4+4+2}{10} = \dfrac{06}{10} = 5.6$

- 중앙값 : 크기 순서대로 나열하여 한가운데에 있는 값으로 5

- 최빈값 : 가장 많이 등장하는 값이므로 5

앞에서 부동산을 팔기 위해 사용했던 1억 원이라는 큰 값은 사실상 산술평균값으로, 마을에 거주하는 모든 세대의 소득에 대한 산술평균이었던 것이다. 이 값은 모든 세대의 소득의 합을 전체 세대수로 나누어 얻은 값이다.

그러나 세금 인하를 위해 사용한 2천만 원이라는 작은 수는 중앙값으로 전체 세대의 절반은 2천만 원 이상의 소득을 올렸고 나머지 절반은 그 이하의 소득을 올렸다는 사실을 말한다. 어쩌면 이 경우에 중앙값 대신 최빈값을 사용했더라도 큰 차이는 없을 것 같다.

최빈값이란, 주어진 자료 중에서 도수가 가장 큰 값, 즉 가장 많이 발생하는 값을 말한다. 예컨대 이 마을 세대들의 소득 중에서 3천만 원의 소득을 올린 세대가 가장 많으면 바로 그 값이 최빈값이다.

적절한 평균값

소득에 관해서 그러했듯이, 올바르게 선택하지 않은 평균값은 실제로 아무런 의미를 지니지 못한다. 그런데 어느 경우에는 각각 의 평균값이 큰 차이를 보이지 않아 사실상 이를 구별할 필요가 없는 경우도 있기 때문에 평균이란 개념에 혼란이 발생하게 된다.

예를 들어, 어느 원시부족 남자들의 평균 신장이 150cm라는 기록을 접한 독자들은 이 부족인의 키가 어느 정도인지 꽤 정확한 그림을 그릴 수 있을 것이다. 이 경우에는 그 평균값이 산술평균값인지 중앙값인지 또는 최빈값인지를 굳이 따질 필요가 없기 때문이다. 왜냐하면 이 세 종류 평균값의 차이가 극히 미미하니까 말이다.

물론 당신이 아프리카 사람들의 작업복을 만드는 회사를 경영한다면 평균값뿐만 아니라 좀 더 많은 정보가 필요할 것이다. 키의 분포에 대한 범위와 편차 등의 정보가 여기에 포함되는데, 이는 다음 장에서 다루려 한다.

사람의 키나 몸무게, 가슴둘레 등의 체위에 관한 자료들로부터 얻은 여러 종류의 평균값들이 거의 일치하고 있을 뿐만 아니라 그 분포는 정규분포라 불리는 곡선에 가까운 아름다운 그림으로 나타난다. 즉 이 자료들을 곡선으로 나타내면 종 모양으로 그려지며, 산술평균값, 중앙값, 최빈값이 모두 같은 값으로 정해진다.

신장의 분포를 나타낼 때는 어떤 종류의 평균값을 쓰더라도 큰 차이는 없지만 소득 분포를 나타낼 때는 그렇지 않다.

예컨대 어느 도시에 사는 모든 세대의 소득 분포를 조사했다고 하자. 이런 조사에서 대부분은 대략 2억 원을 넘지 않는 소득을 올렸을 것이고, 예외적으로 몇몇 세대만이 이를 초과하는 고소득을 올릴 것이다.

어쩌면 전체의 95% 이상의 세대가 올린 소득은 5천만 원 이하로 이를 곡선으로 나타내면 왼쪽으로 쏠린 모양으로 나타날 것이다. 그 결과 이 곡선은 종 모양의 대칭이 아닌, 왼쪽으로 치우친 모양이 될 것이다. 마치 계단을 따라 급하게 올라갔다가 꼭대기에서 서서히 내려가는 어린아이들의 미끄럼대와 같은 모양이다.

이 경우의 산술평균값은 중앙값과 큰 차이를 보이게 된다.

따라서 이런 경우에는 어느 해의 '평균값'(산술평균값)과 다른 해의 '평균값'(이번에는 중앙값)을 비교하는 것 자체가 아무런 의미가 없다.

내가 당신에게 토지를 팔았던 바로 그 마을에서 얻어낸 산술평균값과 중앙값은 커다란 차이를 나타내는데, 그 이유는 이 마을 사람들의 소득 분포가 한쪽으로 크게 기울어져 있기 때문이다. 이 마을 주민들 대부분은 소작농이거나 부근 마을에 직장이 있는 봉급자와 연금으로 생활하는 은퇴한 노인들로 구성되어 있다. 그런데 주민 중 딱 세 사람만이 이 마을에서 주말을 지내는 백만장자였고, 바로 이 사람들 때문에 주민들 소득 합계가 껑충 뛰어올라 그에 따라 산술평균값도 엄청나게 따라 올라갔던 것이다. 실제로는 마을 주민 거의 대부분의 소득이 이 평균값보다 훨씬 낮음에도 불구하고 말이다.

당신은 농담이나 정치가의 연설에서나 인용될 수 있는 통계 숫자의 실례를 경험한 셈이다. 즉 세 사람을 제외한 거의 모두가 평균값 이하의 소득을 올린 경우 말이다.

평균임금?

회사의 사장님이나 중역들이 종업원 전체의 평균급여가 얼마라고 발표할 때, 그 값에 커다란 의미를 부여할 수도 있지만 전혀 그렇지 않을 수 있는 것도 같은 이치이다. 만약 급여 평균값이 중앙값이라면 종업원의 절반은 그보다 높은 급여를 받고 나머지 절반의 급여는 그보다 낮다는 뜻이다.

그러나 만일 그것이 산술평균값이라면(특별히 단서가 붙지 않는 한, 평균값이라면 산술평균값이라 생각해도된다.) 그 값은 사장님의 급여 1억 8백만 원과 그보다 적은 나머지 종업원들의 급여들을 합한 평균값일 뿐이라는 것 외에는 아무것도 알 수 없는 값이다.

따라서 '연간 평균급여 1,368만 원'이라고 할때 이 숫자는 엄청나게 높은 금액의 사장님 급여와 480만 원이라는 종업원의 급여 그 어느 쪽도 해당되지 않는 터무니없이 황당한 수치에 불과하다.

이를 좀 더 자세히 살펴보도록 하자.

다음 쪽에는 이 회사의 종업원들이 얼마의 연봉을 받는지 그림으로 나타나 있다. 사업주로서는 아마도 이 연봉 상황을 '평균임금 1,368만 원', 즉 헷갈리기 쉬운 산술평균값으로 표현하기를 원하겠지만 이 경우에는 최빈값을 사용하는 것이 훨씬 더 바람직하다. 왜냐하면 이 회사에서 가장 많은 인원이 받는 봉급은 연봉 480만 원이기 때문이다.

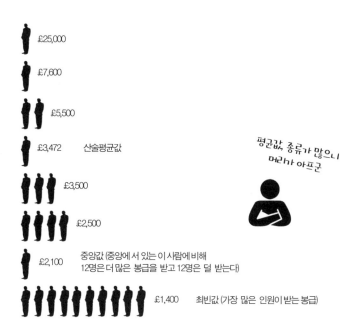

£25,000

£7,600

£5,500

£3,472　산술평균값

£3,500

£2,500

£2,100　중앙값 (중앙에 서 있는 이 사람에 비해
12명은 더 많은 봉급을 받고 12명은 덜 받는다)

£1,400　최빈값 (가장 많은 인원이 받는 봉급)

평균값 종류가 많으니
머리가 아프군

앞에서 언급한 것처럼 중앙값은 다른 어떤 종류의 평균값이 설명해 주지 못하는 이 회사의 연봉 상황을 보여 주기 위해 사용되기도 한다. 즉 종업원의 절반이 720만 원 이상의 연봉이고 나머지 반은 그 이하의 연봉을 받는다.

실제로는 터무니없이 황당한 숫자가 겉보기에는 매우 근사하게 꾸며져 사람들을 어떻게 속일 수 있는지 알아보기 위해 어느 중소기업의 경영보고서를 예로 들어 보자.

당신은 다른 두 사람과 함께 공동으로 경영하는 중소기업의 대표이다. 연말결산 결과 올해 당신의 회사는 매우 좋은 실적을 올렸다. 회사는 이미 90명의 종업원에게 모두 9억 9천만 원의 급여를 지급하였다. 당신을 포함한 세 명의 소유주이자 경영진의 올해 연봉은 각각 5천 5백만 원이다. 그런데 결산 결과 2억 1천만 원의 이익금이 남아 이를 경영진들이 나누어 주려고 한다.

이 상황을 종업원들에게 어떻게 발표하면 좋을까?

보다 쉽게 일을 처리하고자 당신은 이를 급여 형식으로 경영진에게 나누어 주려 한다. 종업원들은 모두 같은 종류의 일을 하기 때문에 급여도 동일하여 이들 급여의 산술 평균값이나 중앙값이나 같은 수치를 나타낼 것이다.

따라서 그 결과는 다음과 같다.

- 종업원의 평균급여

   1,100만 원($\dfrac{99,000}{90}$ 만 원 = 1,100만 원)

- 경영진의 평균급여와 이익금

   12,500만 원($\dfrac{3 \times 5,500 + 21,000}{3}$ 만 원 = 12,500만 원)

그러나 이를 그대로 발표하면 경영진만 너무 많은 폭리를 취하는 것 같아 보일 것이다. 그러면 계산 방법을 다음과 같이 바꾸어보자.

우선 2억 1천만 원의 이익금 중 1억 5천만 원만 상여금으로 세 사람의 경영진에게 지급한다. 그리고 이번에는 종업원들의 급여에 대한 평균값을 계산할 때 경영진들의 급여까지 포함하는 것이다. 물론 이 때에는 반드시 산술평균값으로 계산해야 한다. 그 결과는 다음과 같다.

- 평균임금 또는 급료

   1,403만 원($\dfrac{9,900 + 15,000 + 3 \times 5,500}{93}$ 만 원 = 1,403만 원)

- 경영자의 평균이윤

$$2{,}000만 원 (\frac{21{,}000-15{,}000}{3} \text{ 만 원 } = 2{,}000만 원)$$

자, 이 정도면 훨씬 나아 보이지 않는가? 좀 더 근사하게 보이도록 할 수도 있겠지만 이만하면 충분할 것이다. 이 결과에 따르면 발생한 이익금은 총급여로 지급된 금액의 6%도 되지 않는다. 물론 이 수치는 당신이 원한다면 얼마든지 더 적게 만들 수도 있다.

어쨌든 이제 당신은 이렇게 계산하여 얻은 수치를 게시판에 붙여 발표하거나 노사 간의 단체교섭용으로 사용할 수 있을 것이다.

너무 단순한 예이기 때문에 실감이 나지 않을지 모르겠지만 회계라는 이름으로 행해지는 것도 이 예와 하나도 다르지 않다. 갓 채용된 청소원으로부터 수십억 원의 상여금을 받는 회장까지 복잡한 서열과 계층을 가진 재벌 회사가 발표하는 모든 종류의 수치도 결국에는 같은 원리에 의해 조작되며 계산되고 있으니까.

그러므로 만일 당신이 평균급여라는 이름의 수치를 보았다면 항상 이런 질문부터 해야 한다.

"어떤 종류의 평균값이오? 그 평균값을 계산할 때, 누구까지 포함했나요?"

U.S.스틸 회사(United States Steel Corporation)는 한때 종업원들의 평균 주급이 1940년에서 1948년 사이에 107%나 증가했다고 발표한 적이 있었다. 물론 이는 사실이다.

그러나 1940년의 임금 계산에는 상당히 많은 수의 아르바이트와 같은 임시직의 급여까지 포함하였으므로 이 거창한 증가도 실제로는 아무것도 아닌 것이다.

예컨대 당신이 어느 해에 임시직으로 1년 동안 오전 근무만 하고 다음 해에는 정식직원으로 상근하게 되었다면 당신의 급여는 당연히 2배로 늘어날 것이다.

그러나 그렇다고 하여 이 회사 전체의 임금 수준이 올라갔다고는 할 수 없다.

그나마 신뢰할 수 있는 평균값

1949년 미국 가정 한 세대의 평균소득이 3,100달러라는 신문기사가 있었다. 그러나 이런 수치에서 너무 많은 것을 얻으려 하지 않는 것이 좋을 것이다. 어떤 종류의 평균값이며, 또 '세대'의 정의가 무엇인지 알기 전에는 말이다. 물론 그 밖에도 이 수치를 누가 발표했으며, 어떤 방법으로 계산하였는지 그리고 얼마나 정확한지도 알면 더 좋겠지만 말이다.

이 수치는 통계청에서 발표하였던 자료이다. 통계청의 보고서 전문을 가지고 있다면 다른 필요한 정보들까지 바로 그 안에 포함되어 있으니 신뢰해도 좋을 것 같다.

이 수치는 중앙값이었다. 또 발표에 따르면, '세대는 서로 혈연관계를 가진 동거하는 2인 이상의 집단'으로 정의하고 있었다. 만일 독신자까지도 세대수에 포함시키면 중앙값은 2,700

달러까지 내려가 전혀 다른 숫자가 된다.

이 표를 다시 자세히 검토해보면, 이 추정치(100달러를 기준으로 반올림 하기 전의 값은 3,107달러)는 ±59달러의 오차범위 안에서 정확하다고 주장할 수 있는 확률이 19/20인 표본에서 추출된 값임을 알 수 있다.

이렇게 확률과 오차한계까지 함께 명시되어 있기 때문에 위의 발표는 정말 매우 정확한 추정치로 볼 수가 있다. 그리고 통계청 사람들은 상당히 정확한 표본을 추출할 수 있을 정도의 기술과 예산도 가지고 있으니 말이다. 뿐만 아니라 이들이 특별히 누구 편을 들어 자신의 잇속을 차릴 까닭도 없지 않은가.

그러나 우리가 보고 듣는 모든 통계 숫자가 전부 이렇게 좋은 조건 속에서 얻어지는 것도 아니며, 또 그 수치가 정확한지 또는 부정확한지 판단할 수 있는 근거 자료까지는 첨부되지도 않는 것이 대부분이다. 우리는 다음 장에서 이 문제에 대하여 좀 더 논의해 볼 것이다.

그건 그렇고 〈타임〉지의 '출판사에서 온 편지'란에 실린 다음 광고는 정말 의혹의 눈으로 바라보지 않을 수 없다.

"〈타임〉지 신규구독자 연령의 중앙값은 34세이며, 그들의 연간 평균소득은 7,270달러이다."

그런데 그 이전 조사에 의하면 옛날 〈타임〉지 구독자 "연령

의 중앙값은 41세이고, 연간 평균수입은 9,535달러……"라고
되어 있었다.

여기서 당연히 의심스러운 대목은 양쪽 조사에서 모두가 연
령을 나타낼 때에는 중앙값을 택하였다는 것을 명백하게 밝혔
음에도 불구하고 평균수입에 대해서는 슬며시 아무런 언급도
하지 않았다는 점이다.

산술평균값이 크게 나오기 때문에 이를 사용한 것일까? 그
렇게 해서 광고주들에게 돈 많은 부유층 독자의 존재를 알려
주고 싶었기 때문일까?

제1장의 서두에서 언급한 1924년도 예일대학 졸업생의 연
간 평균소득에 관한 자료도 '어떤 종류의 평균값'을 사용한 것
인지 조사해 보는 것이 어떨까?

PART 3

작은 숫자를
생략하여
사기 치는 법

적은 인원수의 표본을 쓰는 이유

'도크스Doakes 회사의 치약으로 23% 충치 감소.'

대문짝만한 광고 제목이 한 눈에 들어온다.

광고가 사실이라면, 충치가 23%나 줄어든다니 정말 괜찮은 치약이라고 누구나 생각할 것 같다. 더군다나 신뢰할 만한 '독립된' 어느 연구소의 실험에서 얻어진 결과이고, 어느 공인회계사가 공증까지 한다니 이 통계 숫자는 충분히 신용할 만하지 않은가. 이 이상 또 무엇을 바라겠는가?

그러나 정말 멍청한 사람이거나 매사 좋은 게 좋다는 식으로 사는 사람이 아닌 이상, 어느 회사의 치약이 다른 회사 치약보다 월등히 좋다는 일은 우리의 경험에 비추어볼 때 충분히 의심할 만하다.

그렇다면 도크스 회사 사람들은 어떤 근거로 이런 터무니없는 결과를 발표하였단 말인가? 거짓이라고 알면서도 뻔뻔스럽게 저렇게 커다란 광고를 낼 수 있을까?

물론 그렇지는 않았을 것이다. 그럴 필요도 없었을 것이다. 쉽고 효과적인 다른 방법도 얼마든지 있으니까.

가장 커다란 속임수는 불충분한, 즉 통계적으로 불충분한 표본을 채택했다는 점이다. 도크스 회사의 목적에 꼭 들어맞았기 때문이다.

제목 밑에 자그마한 글씨로 쓰인 설명문을 읽어 내려가면 금방 알 수 있는데, 이 결과는 단 열두 명을 대상으로 실험한 결과에 지나지 않는다.

하지만 도크스 회사에 소송을 걸더라도 결코 이길 생각은 하지 않는 것이 좋을 것 같다. 광고주 중에는 이런 종류의 정보조차 아예 생략해 버리는 경우도 있고, 또 간혹 어떤 종류의 속임수를 썼는지를 추측하기도 어렵게 복잡한 통계 기법을 제시하기도 한다. 열두 명이라는 표본은 이런 종류의 실험보고에서 그리 악질이라 할 수는 없다.

몇 년 전 '코니쉬 박사의 가루치약 Dr. Cornish's Tooth Powder으로 충치 치료에 획기적인 성과를 얻었다'는 선전으로 시장에 등장한 상품이 있었다. 이 치약 성분 중에는 요소가 함유되어 있어, 연구실에서의 실험결과 충치에 효과가 있다는 것이 입증되었다는 주장이었다. 그런데 그 실험이란 것이 모두 사전실험이었고, 그것도 단지 여섯 명의 환자만을 대상으로 한 것이라니 결코 믿을 수 없는 통계 숫자였다.

다시 도크스 회사의 치약 문제로 돌아가, 그 회사 사람들이 분명히 거짓은 아닌 큰 제목의 광고에 공증인의 보증까지 붙인 조사결과를 어떤 방식으로 얻을 수 있었는지 알아 보자.

몇 명의 실험대상을 정해 6개월 간 충치의 수가 몇 개인가를 조사하게 한 후 도크스 치약을 사용하도록 한다. 이때 다음 세 가지 중의 어느 한 결과가 나올 것이다. 즉 충치의 개수가 늘어나거나 줄어들거나, 늘지도 않고 줄지도 않는 경우 중의 하나일 것이다.

이 중 첫 번째 경우와 마지막 경우가 나타나면 이 숫자를 따로 떼어놓고 다시 실험을 되풀이한다. 그러면 조만간 언젠가는 정말 우연에 의해 실험집단에서 충치가 줄어드는 결과가 나오게 되는데, 이는 충분히 큰 제목으로 뽑은 대규모의 광고전을 벌일 만한 소재이다.

그러나 이런 실험결과는 실험집단이 도크스사의 치약을 쓰든, 소다 가루를 쓰든 또는 전에 사용하던 치약을 그대로 사용하든 조만간 나타나는 현상이다.

적은 인원으로 실험을 하는 중요한 이유는 무엇일까?

실험집단이 대규모이면 우연에 의해 나타나는 차이가 아무래도 미미해지고 따라서 위와 같은 커다란 제목의 광고를 내걸 수 없게 된다. 단지 2% 정도 충치가 줄어들었다는 광고를 통해서는 치약의 판매실적을 높일 수가 없기 때문이다

표본의 크기에 따라 달라지는 값

아무런 차이도 없는 어떤 결과를 순전히 우연에 의해 만들어 낼 수 있다는 것은 그리 힘들이지 않고도 당신 스스로 쉽게 검증할 수 있다. 왜냐하면 시행 횟수가 아주 적을 것이기 때문이다.

동전 던지기를 해 보라. 앞면이 나오는 확률은 얼마일까? 물론 누구나 다 알다시피 50%이다. 자, 그러면 실제로 동전을 던져 보며 알아 보자. 내가 동전을 열 번 던졌더니 앞면이 여덟 번이나 나왔다면 앞면이 나올 확률은 80%임을 입증한 셈이다. 치약의 통계도 결국 그랬던 것이다!

이제는 당신 차례이다. 한번 실제로 해보라. 그 결과는 반반이 될 수도 있겠지만 그렇지 않을 수도 있다. 당신이 얻은 결과도 나처럼 50대 50의 결과와는 동떨어진 매우 엉뚱한 결과를 얻었을 확률이 많다. 그러나 꾹 참고 인내심을 발휘하여 천

번쯤 던져 보면 앞면과 뒷면이 나올 확률이 거의 반반이 되어 실제 확률에 가까워질 것이다. 이와 같이 시행 횟수가 충분히 커야만 여러 현상을 제대로 설명하거나 쓸모 있는 예측을 할 수 있게 된다.

그렇다면 시행 횟수는 얼마나 커야 될까? 침으로 딱 벌어지는 답을 하기 어려운 질문이다. 즉 표본을 채택하게 되는 원래의 모집단이 얼마나 크고 또 얼마나 다양한가에 따라 그 답이 달라진다. 때로는 그 표본의 크기(역주: 표본을 구성하는 개체수)를 전혀 예상할 수없는 경우도 있다.

이를 보여 주는 획기적인 사례로 몇 년 전 발표된 소아마비 백신과 관련된 실험이 있다. 이 실험은 의학 실험이 그렇듯이 대규모로 진행된 것 같다. 어느 마을의 어린이 450명에게 이 백신을 접종하였고 동시에 접종을 하지 않은 680명 어린이의 통제집단을 구성하였다. 그 후 얼마 안 있어 이 유행병이 이 마을을 급습했는데 백신접종을 받은 아이들 중에서는 한 사람의 소아마비 환자도 생겨나지 않았다.

그런데 문제는 통제집단에서도 소아마비에 걸린 어린이가 한 사람도 없었다는 사실이다. 이 대규모의 실험을 행한 사람들은 소아마비의 감염률이 낮다는 사실을 모르거나 간과했던 것 같다. 소아마비의 일반적인 감염률에 따르면, 이 정도 크기의 집단에서 소아마비 환자가 발생할 기대값은 단 두 명뿐이다. 따라서 이 실험은 애당초 아무런 의미가 없었다. 무엇인가 의미 있는 결론을 얻기 위해서는 이 실험에서 다루었던 어린 아이 수의 15배 내지 25배 정도의 표본이 필요했던 것이다.

여러 위대한 (비록 대수롭지 않은 것이 될지언정) 의학적 발견도 처음에는 이와 같은 방식으로 시작되었다.

"너무 늦기 전에 서둘러서 새 치료법을 써봅시다."라는 식으로 의사들은 말한다.

그러나 이를 의사만의 책임으로 돌릴 수는 없다. 사회적 압력과 성급한 저널리즘이 아직도 그 효과가 확증되어 있지 도 않은 치료법을 채택하도록 강요하는 경우가 가끔 있다. 특히 통계학적 근거가 희박하면서 그 치료법에 대한 요구가 강할 때는 더욱 그러하다.

몇 년 전 상당한 인기를 끌었던 감기 백신이 그러했고, 또 최근에 와서는 항히스타민제의 경우가 그러하다. 이와 같이 별 효과도 없는 '치료법'들이 상당한 인기를 끌고 있다는 것은 감기란 것이 변덕스러운 병이라는 점과 논리의 결여에서 비롯된 현상이다. 감기란 놈은 시간이 지나면 저절로 낫는 병이니까.

속지 않는 방법

그렇다면 확실치도 않은 결론에 속지 않는 방법은 무엇일까? 사람들 각자 모두가 통계학자가 되어 통계 숫자의 기초가 된 원래의 데이터를 일일이 조사해야만 한단 말인가? 물론 그렇게까지 할 필요는 없다. 누구나 쉽게 이해할 수 있는 유의판정법이란 것이 있으니까.

어떤 통계 숫자가 우연에 의해 나온 것이 아니라 실제로 그무엇 때문에 발생하였을 확률이 어느 정도인지를 보여 주는 간단한 방법이다. 이 조그마한 숫자만으로는 당신이 이해하지 못할 것이라는 지레짐작으로 이것을 생략하기 일쑤이다. 그러나 물론 알려만 준다면 퍽이나 도움이 되는 숫자이다.

당신에게 통계 숫자를 알려 준 그 정보원이 그 통계결과의 유의 수준(역주: 통계는 추출된 표본을 토대로 하기 때문에 항상 오류를 범할 수 있다. 예를 들어 정상적으로 제작된 평범한 동전을 1010번 던져 앞면이 35번 밖에 나오지 않는 특이한 사례 -확률 0.002- 가 발생할 수 있다. 이 결과만 볼 때 우리는 이 동전이 정상적임에도 불구하고 비정상적으로 제작되었다는 잘못된 판단을 내릴 수가 있다. 이 확률 0.002를 유의수준이라고 한다. 즉 유의수준이란 어떤 사실이 참임에도 불구하고 거짓으로 잘못 판단할 확률을 말한다.)까지 알려 준다면 **훨씬 더 적절한** 판단을 내릴 수있을 것이다.

이 유의 수준은 간단히 확률로 나타낼 수 있는데, 앞에서 본 통계청의 발표에서 그 통계값이 정확하다고 할 수 있는 확률이 95%라는 보고가 그 한 예이다. 대부분의 경우 이 정도의 유의수준, 즉 5% 정도이면 충분하다.

그러나 때로는 1%의 유의수준을 요구하는 경우도 있는데, 이는 드러난 통계값이 실제값과 같을 확률이 99%란 뜻이다. 이 경우에는 '거의 확실하다'고 표현하기도 한다.

조그마한 숫자라고 보통 생략하는 또 다른 종류의 숫자가 있다. 그러나 이 숫자를 생략함으로써 입는 손실은 치명적일 수 있다. 그것은 자료의 분포 범위나 평균값으로부터의 편차를 알려 주는 숫자이다. 종종 평균값(산술평균값이건 중앙값이건 또는 이를 밝히건 밝히지 않건 간에)을 너무도 간단히 처리하여 별로 쓸모가 없기도 하려니와 오히려 해를 끼치는 경우가 있다. 부정확하게 알고 있는 것보다 아예 모르는 편이 더 나을 수도 있다. 선무당이 사람 잡는다고 하지 않은가?

예를 들어, 최근에 지은 미국의 주택 중 상당수가 통계적으로 평균 가족수 3.6명에 맞추어 건축되었다는 보고가 그것이다. 이를 현실적으로 풀이하면 가족수가 세 명이거나 네 명이란 뜻이며, 따라서 침실이 둘 있는 집을 뜻한다. 그러나 '평균'이라고는 했지만 실제로 이런 크기의 가족은 전체적으로 볼 때 그렇게 많지 않다. 건축업자들은 나음과 같이 말한다.

"우리들은 평균적인 가족을 위한 평균적인 집을 짓는다."

이 말에 따르면 가족수가 평균보다 크거나 또는 작은 가정들이 더 많음에도 불구하고 이들의 존재를 무시한다는 것이다. 그 결과 지역에 따라서는 침실이 둘 있는 집들은 남아돌고 반면에 그 이외의 집들은 크게 부족한 현상이 나타난다. 불완전하고 잘못된 통계적 정보 때문에 이와 같이 터무니없는 결과를 빚어 값비싼 대가를 치르는 예이다.

미국 공중위생협회(American Public Health Association)는 이와 관련하여 다음과 같이 말하였다.

"모집단을 정확히 대표하지 않는 산술평균값에 관계없이 실제의 분포 범위를 조사해 보면 3인 및 4인 가족은 전체의 45%에 불과하며 그 이외의 1인 및 2인 가족은 35%, 5인 이상 가족은 20%나 된다."

매우 그럴싸하게 정확해 보이며 또 권위도 있어 보이는 이 3.6이라는 숫자 앞에서 상식이 통하지 않는 현상이 빚어진 것이다. 주변을 둘러보기만 해도 알 수 있는 대부분의 가정이 소가족이고 대가족은 매우 적다는 상식적 판단이 왜곡된 통계 숫자 앞에서 꼼짝 못하게 된 것이다.

게젤의 준거

이와 거의 비슷하게 사소한 숫자이지만 생략함으로써 문제가 발생하는 예로 '게젤의 준거(準據 Gesell's norms)'에 관한 문제가 있다. 이것은 준거에 해당하는 표준치와 자기 아이와의 근소한 수치 차이가 부모들의 고통을 유발하는 현상이다.

어떤 부모가 일간지의 일요판 부록 같은 면에서 갓난아이는 생후 몇 개월에 혼자 똑바로 앉아 있을 수 있게 된다는 기사를 읽었다고 하자. 이 부모는 곧 자기네 갓난아이를 생각하게 될 것이다.

만약 그 어린 아기가 신문에 지정된 그 시점까지 혼자 똑바로 앉아 있지 못한다면, 그 부모는 틀림없이 자기 아이가 발육 지진아이거나 저능아이거나 또는 뭔가 비정상적인 아이일 것이라는 결론을 내릴 것이다. 통계 이론상으로는 그 시기까지 전체의 절반에 해당하는 엄청나게 많은 어린 아기들이 혼자 똑바로 앉아 있을 수 없으니, 상당히 많은 부모들이 이 때문에 고민에 빠졌을 것이다. 물론 수학적으로 말하면 나머지 절반의 부모들은 자기 아이들이 '정상아'라고 기뻐할 것이니 확률은 절반인 셈이다.

그러나 문제는 이 불행한 부모들이 자기 아이들을 그 표준이 되는 준거로부터 더 이상 처지지 않기 위해 억지로 이에 맞추려고 하니 이로부터 엉뚱한 피해가 발생하게 된다.

그렇다고 이 모든 것을 아놀드 게젤 박사(역주: Arnold Gesell, 1880~1961, 미국의 유아심리학 및 소아과의 권위 있는 학자)나 그의 실험 방법의 탓으로 돌릴 수는 없다. 이런 잘못된 현상이 발생하는 이유는 연구자가 자신의 연구결과를 발표하였을 때, 선동적이고 아는것도 별로 없는 기자가 기사를 작성하면서 독자들이 알아야 할 정말로 중요한 숫자 몇 개를 빼놓고 전달하기 때문이다.

만일 준거나 평균값 이외에 분포의 범위를 동시에 첨가하였다면 이러한 무수한 오해를 대부분 막을 수 있었을 것이다. 분포의 범위에 대한 정보를 부모에게 알려 주었다면 자기의 아들딸들이 정상적인 기준을 중심으로 분포되어 있는 범위 안에 들어가 있음을 알고 준거로부터 벗어나는 약간의 수치에는 그렇게 걱정하지 않을 것이기 때문이다. 사람이 누구나 그 준거에 꼭 들어맞게 살아갈 수 없는 것이니까 말이다.

이것은 동전 100개를 던져도 앞면과 뒷면이 정확하게 50개씩 나오는 법이 없는 것과 같은 이치이다. 문제는 '정상적인 것'을 '바람직한 것'과 혼동하는 데에서 사태가 더 악화되는 경우가 있다는 점이다.

게젤 박사는 단지 자신이 관찰한 것을 사실대로 말했을 뿐인데, 책이나 기사를 통해 이를 접한 부모들이 성장 과정에서 하루나 한 달 정도 늦은 어린아기들을 열등하다고 착각하였기 때문에 사태가 악화된 것이다.

알프레드 킨제이Alfred Kinsey 박사의 저 유명한 (제대로 이해되는 일이 거의 없지만) 보고서에 대한 대부분의 멍청한 비평도 정상적인 것을 좋은 것, 옳은 것, 바람직한 것으로 착각한 데서 비롯된 것들이다.

그 덕택에 킨제이 박사는 청년들에게 망상을 심어 주고, 특히 보통 어른들이라면 누구나 다 잘 알고 있는 사실이면서도 사회적으로는 인정이 안 되어 있는 여러 성적性的 관습을 정상인 것으로 만듦으로써 청년들을 타락시켰다는 비난을 받게 되었다.

그러나 킨제이 박사도 이러한 성행위를 통상적으로 보통 사람들이 행하고 있다는 사실(그것이 원래 정상이라는 단어의 뜻이다.)을 알게 되었다는 것을 발표했을 뿐이지 이를 인정하자고 주장한 것은 아니었다. 그런 성적 관습이 난잡하다든지 또는 난

잡하지 않다든지의 문제는 킨제이 박사가 자신의 연구 영역 밖의 일이라고 생각했던 것이다.

킨제이 박사도 이렇게 이전의 여러 연구자를 곤혹스럽게 만들었던 문제에 휘말리게 된다. 감성적으로 무척 예민한 내용의 문제를 다루면서 자신의 입장이 찬반 어느 쪽인가를 서둘러서 명백하게 밝히지 않으면 곤경에 처해 위험하게 된다.

신문기사를 신뢰할 수 있나?

같이 발표되어야 할 작은 숫자들을 생략하는 속임수를 사용하면 사람들은 꼼짝없이 그냥 속아 넘어갈 수밖에 없다. 그 이유는 발표하지 않은 사실 그 자체가 잘 발각되지 않기 때문이다. 바로 이것이 사람들이 잘 속는 이유이기도 하다.

요즘 활동하는 저널리즘의 비평가들은 기자들 스스로 발로 뛰어다니면서 기사를 찾아내고 취재하던 그 좋던 옛날의 취재 활동이 점점 사라지는 것을 한탄하며 단지 정부가 건네 주는 보도자료만을 무비판적으로 정리하여 기사화 하는 것을 능사로 여기는 '워싱턴에 주재하는 안락의자형 기자들'을 따갑게 비판하고 있다.

모험심도 없는 저널리즘의 한 예로 시사잡지인 〈포트나이트 Fortnight〉지에 실려 있던 "새로운 산업계의 발전들"의 목록 중 하나인 "철의 경도를 3배나 강하게 하는 새로운 담금질 액체,

웨스팅하우스사 제품"을 들여다보자.

이 제목만 보면 정말로 엄청난 발명인 것 같이 보이는데, 무슨 뜻인지 알아내려고 하면 마치 붙잡기 힘든 수은 알맹이처럼 도대체 무슨 내용인지 감을 잡을 수 없다. 새로운 담금질제를 쓰면 어떤 종류의 철이든 간에 처리 전에 비해 경도가 3배나 높아진다는 뜻인가? 아니면 지금까지의 어떤 철보다도 3배나 경도가 높은 철을 만들 수 있다는 것인가? 그렇지 않으면 도대체 무엇을 3배로 한다는 뜻인가?

아마도 이 기자는 이 기사의 뜻이 무엇인지를 알아볼 생각도 하지 않고 그저 회사의 보도자료를 무비판적으로 그대로 옮겨 쓴 것같다. 어쩌면 이 친구는 독자들이란 그저 자기가 쓴 기사를 무비판적으로 읽는 사람이고, 그것으로 인해 무엇인가를 알게 되었다고 생각하는 멍청한 꿈이나 꾸는 사람들이라고 생각했던 모양이다. 이런 작자들을 보면 한때 유행했던 강의식 교수법이 연상되는데, 그것은 교수나 학생들 모두 아무 생각 없이 그저 교수가 갖고 있는 교과서의 내용을 그냥 그대로 학생의 강의노트 위로 옮기는 교수법을 말한다.

바로 몇 분 전, 〈타임〉지에 실린 킨제이 박사에 관한 기사를 찾던 중 다시 한번 읽어 보면 전혀 근거 없는 기사라는 것이 밝혀지는 기사를 우연히 발견하게 되었다.

그 기사는 1948년 여러 전기회사가 게재한 합동광고 안에 들어 있는 것으로 다음과 같은 내용의 기사이다.

"오늘날, 전기 이용이 가능한(available) 미국 농가는 전체 농가의 4분의 3 이상입니다."

얼핏 보기에는 정말 그럴싸하다. 이 전기회사들의 광고는 정말 공을 들인 작품이다. 심술궂은 사람 같으면 이 글을 다음과 같이 바꿔버릴 수 있을 것이다.

"오늘날 전기 이용이 불가능한 미국 농가는 전체의 4분의 1이나 됩니다."

그러나 이 속임수 광고의 핵심은 '이용 가능(available)'이란 단어에 들어 있다. 전기회사들은 이 단어를 사용함으로써 자기네들에게 유리한 광고를 할 수 있었던 것이다.

그들은 전체 농가의 4분의 3 모두 전기를 사용한다고 말한 것이 아니다. 만약 그것이 사실이라면 직접 그렇다고 말했을 것이다. 그들은 단지 '이용 가능'하다고만 말한 것이다. 적어도 내 생각에는 그 의미가 전선이 농장을 지나가거나 또는 농장에서 10㎞나 100㎞쯤 떨어진 곳을 지나간 경우에도 통할 수 있기 때문에 '이용 가능'이란 단어를 사용했다.

부모들 눈 가리고 아웅하기

1952년의 〈콜리어즈^{Collier's}〉지에 인용된 "당신 자녀의 키가 얼마까지 자랄지 곧 알 수 있습니다."란 제목의 기사를 살펴보자.

이 기사에는 두 장의 도표가 유난히 눈에 띄게 함께 게재되어 있는데 각각 남아용과 여아용이었다. 그 도표에는 연령별로 각 연령의 어린이 키가 얼마까지 커졌는지에 대한 퍼센트 비율이 나타나 있었다. 그림 설명에는 다음과 같은 글이 친절하게 적혀 있었다.

"당신 자녀의 키가 얼마까지 자랄지 알고 싶으면 도표에서 현재의 키에 해당하는 곳을 찾아 보십시오."

이 기사가 웃기는 것은, 읽어 보면 알 수 있듯이 이 기사 자체가 그 도표의 치명적인 결함이 무엇인가를 스스로 말해 준다는 것이다.

모든 어린아이들의 키가 똑같은 방식으로 성장하지는 않는다. 어떤 아이들은 처음에는 천천히 자라다가 나중에 갑자기 커질 수도 있고, 다른 아이들은 얼마 동안 급작스럽게 크다가 나중에 가서야 천천히 자랄 수도 있으며, 또 점진적으로 일정하게 성장하는 아이도 있으니까.

쉽게 추측할 수 있듯이 이 도표는 대규모로 실시한 측정 자료들을 토대로 얻은 평균값을 이용한 그림이다. 따라서 이 도표를 사용하면 임의로 추출한 아동 100명의 장래 평균 키를 충분히 정확하게 추정하는 것은 어렵지 않다.

그러나 부모들은 자신들의 자녀, 즉 한 어린이만의 신장에만 관심을 갖고 있기 때문에 그러한 목적을 위해서는 이와 같은 도표는 전혀 쓸모가 없다. 장차 그 아이의 키가 얼마까지 자랄 수 있는지 정말로 알고 싶다면 아이의 부모와 조부모들의 키를 알아 보는 것이 훨씬 더 정확한 추측을 하는 데 도움이 될 것이다. 물론 이 방법도 도표를 사용하는 것처럼 과학적이거나 정밀하다고 할 수는 없지만, 적어도 정확하기는 할 것이다.

나 개인의 경험을 말한다면, 14세 때 고등학교에서 군사훈련을 받았는데, 그때 키가 제일 작은 분대 안에서도 뒷줄, 키가 작은 학생들이 서 있는 곳에 있어야만 했다. 그때 당시의 신장을 이 도표에 적용하면 내 키는 어른이 되어서도 겨우 171cm라

야 하는데도 실제로 현재 나의 키는 179㎝나 된다. 사람의 신
장을 추측하는 데 있어 8㎝의 오차는 결코 작은 것이 아니다.

내 책상 위에는 포도와 호도가 들어 있는 시리얼 두 상자가
놓여 있다. 상자의 포장에서 알 수 있듯이 이 둘은 서로 다른
회사 제품이다.

한쪽 상자에는 쌍권총잡이 피터가 그려져 있고, 다른 한쪽
에는 호피의 그림이 그려져 있는데, 거기에는 "호피처럼 씩씩
해지려면 호피처럼 먹어야 해!"라는 문구가 적혀 있다.

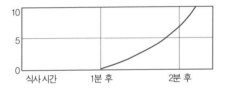

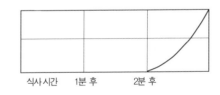

양쪽 그림에는 모두 그래프가 그려져 있는데, 거기에는 "과
학자가 증명한 사실!"이라며, "이 시리얼을 먹으면 2분 내에
힘이 솟는다!" 라는 글까지 첨부해 놓았다. 느낌표로 도배를
한 한쪽 그래프의 왼쪽 가장자리에는 숫자가 크기 순으로 나

열되어 있지만, 다른 한쪽 그래프에는 이 숫자가 생략되어 있다. 하긴 이 숫자가 무엇을 뜻하는지 아무런 힌트도 없으니, 숫자가 있으나 없으나 마찬가지이다.

양쪽 그래프에는 모두 급상승하는 곡선이 빨간 색으로 그려져 있고 그 곡선에 따라 '에너지 방출량'이라는 말이 적혀 있다. 그런데 한쪽에는 식후 1분 후인 곳부터 곡선이 시작되는데 비해 다른 쪽에는 식후 2분 후부터 시작된다. 또 한쪽 곡선의 상승률은 다른쪽 곡선의 그것보다 2배나 되는 급상승을 하는 것으로 되어 있다. 이들 사실로부터 결국 우리는 이 그래프를 만든 사람조차 이 그래프가 무엇을 말하고자 하는지 모를 것이라고 미루어 짐작할 수가 있다.

물론 이와 같은 멍청한 광고는 어린아이들이나 아침잠이 덜 깬 부모들을 대상으로 한 것이다. 이런 보잘 것 없는 그래프로 대기업 직원들의 지능을 모욕해서는 안 되지 않은가?

그래프에 속지 마라

이제 〈포춘Fortune〉지에 실린 어느 광고회사의 광고(광고란 말이 두 번 나왔다고 해서 혼동하지 말기를 바란다)에 사용된 그래프를 살펴 보자.

이 그래프에는 회사의 사업실적이 매년 얼마나 빠른 속도로 성장해 나가는가를 보여 주는 매우 인상적인 선이 그려져 있었다. 숫자는 전혀 나타나지 않았다.

그런데 이 그래프를 통해 우리는 다음과 같이 전혀 다른 두 가지 결론을 내릴 수가 있다. 사업이 날로 번창하여 매년 실적이 2배씩 늘어나고 있다거나 또는 매년 수 백만 달러씩의 이윤이 남는 경이적인 성장을 나타낸다고 해석할 수가 있다. 그렇지만 또 한편으로는 회사의 장사가 신통치 않아 매년 발생하는 이익이 겨우 1달러나 2달러 정도밖에 되지 않는 달팽이처럼 느린 상황을 나타낸 것이라 해석할 수도 있다.

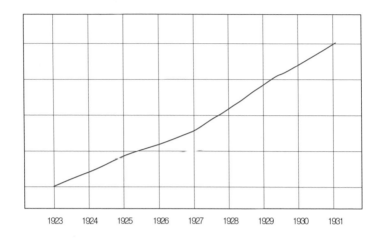

1923 1924 1925 1926 1927 1928 1929 1930 1931

　이와 같이 중요한 숫자가 빠져 있을 때는 평균이든지 또는 그래프든지 아니면 어떤 경향이든지 간에 이를 믿어서는 안 된다. 이에 대한 믿음을 갖는 것은 마치 평균온도만 조사하고 나서 캠핑 장소를 결정하려는 사람처럼 눈 뜬 장님과도 같다.

　예를 들어 캠핑 장소로 연평균기온이 16℃인 곳이 가장 적합하다고 하면서 같은 캘리포니아주 안에 있는 내륙의 사막 지대와 남해안에 위치한 산 니콜라스 섬 중에서 선택해야만 한다고 하자. 그렇지만 평균기온이 16℃라 해도 기온의 분포 범위를 생각지 않고 결정하면 얼어 죽거나 아니면 타는 듯한 더위에 시달려야 할지도 모른다. 산 니콜라스의 기온은 8℃에서 30℃ 범위 내에서 변화하지만 사막에서의 기온은 -9℃에서 40℃까지 변동하기 때문이다.

마찬가지로 오클라호마시에 대한 과거 60년 동안의 평균기온은 15.7℃로 거의 변함이 없어 서늘하고 쾌적하게 느껴질 수 있지만, 옆 그래프에 나타나 있듯이 최고 기온과 최저 기온은 무려 70℃나 되는 차이를 보여 준다.

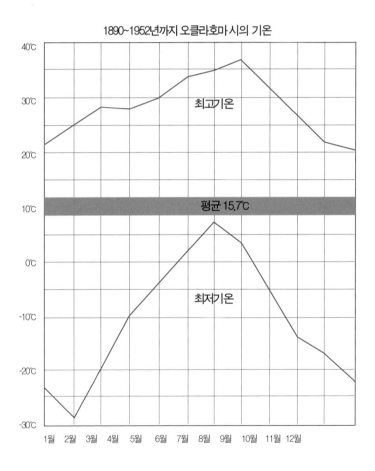

1890~1952년까지 오클라호마시의 기온

PART 4

쓸데없는
숫자로 벌어지는
헛소동

HOW TO LIE
with
STATISTICS

IQ는 믿을 만한가

당신에게는 두 자녀가 있다는 가정을 해야겠다. 당신의 자녀인 피터와 린다는 어느 날 학교에서 지능검사를 받았다. 그런데 지능검사를 비롯한 어떤 종류의 심리검사도 원시 부두 voodoo교(역주 : 아이티를 중심으로 한 서인도 제도 흑인들의 종교로서 마술을 다루는 밀교 중의 하나)의 현대판 숭배 대상물 같은 것으로 이 검사의 결과를 올바르게 알아내기 위해서는 약간의 언급이 필요하다. 그것도 그럴 것이 이 지능검사란 것도 매우 밀교적인 특성을 갖고 있는 까닭에 심리학자나 교육학자들에 의해서만이 안전하고 올바르게 해석될 수 있기 때문이다. 어쨌든 당신은 피터의 IQ(지능지수)가 98이고 린다의 IQ는 101이라는 것을 알게 되었다. 물론 누구나 잘 알겠지만 IQ는 100을 평균값 또는 '정상'으로 정하고 있다.

아하! 피터보다 린다의 머리가 좋구나. 뿐만 아니라 린다의 지수는 평균값보다 높고, 피터의 지수는 평균값보다 낮단 말이야 하고 생각한다.

그러나 이제 이런 쓸데없는 이야기는 그만하기로 하자. 위와 같은 어떤 결론도 정말 황당한 것들이니까.

이야기를 분명하게 하기 위해 우선 다음 사실을 유의해 두자. 즉 지능검사가 측정하는 것이 그 무엇이든 간에 그것은 우리가 보통 지능이라고 말하는 것과는 전혀 다른 것이다.

지능검사에는 지도력이나 창조성과 같은 중요한 특성들이 무시되어 있다. 또 근면성이라든가 정서적인 균형 등 사람의 개성은 말할 것도 없고, 사회적 판단력이나 음악, 미술 또는 기타의 적성 따위는 전혀 고려되어 있지 않다. 게다가 학교에서 가장 흔하게 실시되는 이 검사는 졸속으로 만든 싸구려 검사로, 상당 부분을 독해 능력에 의존하고 있다. 머리가 영리하건 아니건 아무 상관없이, 독해 능력이 부진하다면 결코 좋은 점수를 받을 수 없기 때문이다.

그러나 일단 이 모든 사실들을 알고 있다 가정하고 또한 IQ 도판에 박힌 추상적 개념들을 다룰 수 있는 매우 막연하게 정의된 능력에 대한 측정이라고 인정하자. 그리고 또 피터와 린다는 IQ 검사 중에서도 가장 우수하다고 인정받고 있는 개정판 '스탠포드 비네^{Stanford Binet}식' 지능검사로 집단검사가 아닌

개인 검사이며 특별한 독해력을 요구하지 하지 않은 검사를 받았다고 하자.

그런데 결국 IQ 검사가 의도하고 있는 것은 한 개인이 가지고 있는 지성에 대한 표본을 추출하는 것이다. 그렇다면 다른 모든 표본 추출에서와 마찬가지로 IQ 점수 역시 확률적 오차를 포함하는 숫자이므로 그에 대한 정확성 또는 신뢰성을 알려 주어야만 한다.

지능검사에 사용되는 문항들은 마치 밭 전체에 심은 옥수수 이삭의 품질을 조사하기 위해 밭에 나가 이곳저곳에서 옥수수 이삭을 무작위로 하나하나 뽑아 보는 것과 같다. 이삭을 100개쯤 뽑아 벗겨 내어 검사해 보면 밭 전체에 심은 옥수수 품질에 관해서 퍽 명쾌한 결론을 얻게 될 것이다. 그렇게 얻은 결론은 서로 다른 품질의 옥수수를 재배한 두 밭을 비교할 때에는 충분한 정확성을 가지게 된다.

그러나 만일 두 밭에 심은 옥수수의 품질이 거의 비슷하다면 더 많은 이삭을 조사해야만 두 밭에 심은 옥수수의 품질을 가려낼 수가 있다.

추출된 표본이 전체 밭을 얼마나 정확하게 대표할 수 있는지를 숫자로 나타낼 수 있는데 이를 예상오차(probable error)와 표준오차(standard error)라 한다.

예상오차

예를 들어, 어떤 목장의 크기를 그 목장을 둘러싼 울타리를 따라 걸어간 발걸음의 수로 측정한다고 하자. 이때 가장 먼저 해야 할 일은 100m의 거리를 몇 걸음으로 걸을 수 있는지를 여러 번 측정하여 발걸음으로 길이를 재는 방법의 정확성을 조사해 보는 일이다. 이때 예상오차가 100m에 대하여 3m라는 결과를 얻었다고 하자. 이는 100m를 같은 발걸음 수로 여러 번 걸어 본 결과 절반은 정확하게 100m를 기준으로 3m 이내 의 오차 범위에 들었고, 나머지 절반은 100m를 기준으로 3m 이상의 오차를 넘어섰다는 뜻이다.

따라서 우리가 얻은 예상오차는 100m에 대한 3m를 말하며, 이로부터 발걸음 수로 측정한 울타리의 길이 100m는 100± 3m로 나타낼 것이다.

그러나 오늘날 대부분의 통계학자들은 표준오차라 불리는

다른 오차를 사용하고 있다. 이 오차는 전체 경우의 수 중에서 절반을 오차 범위에 포함시키는 앞의 예상오차와는 달리 전체 경우의 수 중 약 3분의 2를 포함하고 있으며, 뿐만 아니라 수학적으로는 다루기가 훨씬 쉽다. 그러나 이 책에서는 일단 예상오차를 사용하려고 한다. 그 이유는 스탠포드 비네식 지능검사가 아직도 예상오차를 채택하고 있기 때문이다.

앞에서 예를 든 발걸음 수로 길이를 측정하는 방법에서 그러했던 것처럼 스탠포드 비네식 지능검사 점수인 IQ에서도 예상오차는 100에 대하여 3이라고 알려져 있다. 그러나 이 수치는 기본적으로 이 검사의 좋고 나쁨과는 전혀 관계가 없으며, 이 검사가 무엇을 측정하든 간에 얼마나 일관성 있게 이를 측정해 주는가를 나타내 보여 주는 숫자이다. 따라서 피터의 지능지수인 IQ를 좀 더 정확하게 나타낸다면 98±3이 될 것이고 린다의 IQ는 101±3이 될 것이다.

이때 98±3이란 검사 결과는 피터의 IQ가 95에서 101 사이에 있을 확률과 101 이상 또는 95 이하가 될 확률이 같다는 것을 뜻한다. 마찬가지로 린다의 IQ 점수 101±3은 린다의 IQ 점수가 98에서 104 사이에 있을 확률과 이 범위 밖의 지능지수를 가질 확률이 같다는 뜻이다. 따라서 피터의 실제 IQ가 101 이상일 확률은 4분의 1이며(역주: 95~101 사이에 있을 확률이 1/2, 95 이하일 확률이 1/4, 101 이상일 확률이 1/4) 마찬가지로 린다의 IQ가 98 이하일 확률도 4분의 1임을 알 수 있다. 그러므로 피터의 지능이 린다의 지능보다 낮지 않고 오히려 적어도 3점 가량 높을 수도 있다. (역주: 그 확률은 1/4 ×1/4 =1/16이다) 왜 그 럴까?

이상으로 우리는 IQ나 기타의 여러 표본 추출에서 얻은 결과를 언급할 때는 얻은 결과 외에 그 범위에 대해서도 언급하여야 한다는 점을 알 수 있었다. 그러므로 '정상'적인 IQ 점수는 100이 아니고, 예컨대 90에서 110 사이의 범위를 뜻하며 이 범위 내의 아이들과 이 범위를 벗어난 아이들을 비교하는 것만이 의미가 있을 뿐, IQ 점수의 차이가 얼마 되지 않는 아이들끼리 비교한다는 것은 별 의미 없는 일이라는 것이다.

이 양(초과)과 음(부족)에 대한 생각은 항상 마음속에 넣어 두어야 하며 오차 범위가 제시되어 있지 않더라도 (제시되었다면 특히 더) 염두에 두어야만 한다.

아무리 적어도 차이는 차이

모든 표본 추출에 잠재적으로 포함되어 있는 이 오차의 개념을 무시해버리면 정말 어처구니없는 잘못을 저지르게 되는 경우가 허다하다.

독자를 대상으로 한 여론조사 결과를 마치 신의 복음처럼 여기는 신문 잡지의 편집자들이 있는데, 이는 그들 편집자들이 보여 주는 통계에 대한 무지의 소치에서 오는 희극이다. 이런 편집자들은, 어떤 기사를 남성 독자의 40%가 읽었고 또 다른 기사는 35%만이 읽었다는 조사결과를 보고 나서 오직 첫 번째 기사와 비슷한 내용의 기사만 실을 것을 계속 주장하는 사람들이다.

독자수의 40%와 35%라는 차이가 잡지사에게는 중요한지 모르지만, 실제로도 그 차이가 있다고 단정할 수는 없다. 조사비용 때문에 표본 추출의 크기를 수백 명으로 제한하는 경우도 있으며, 더구나 이 경우 그 잡지를 전혀 사보지도 않은 사람은 처음부터 표본에서 제외될 수밖에 없다. 원래 여성이 주독자인 신문 잡지인 경우 표본에 포함된 남성의 수는 매우 적을 것이다. 표본의 크기가 이렇게 작을 뿐만 아니라 더군다나 그 기사에 대한 의견을 '모두 다 읽었다', '거의 다 읽었다', '일부만 읽었다', '읽지 않았다' 등의 항목으로 분류하여 표본을 나누어 쪼개버리면, 35%라는 결론은 불과 몇몇 사람만을 대상으로 얻은 결과에 불과할 수도 있다.

겉으로 매우 정확해 보이는 이 숫자 뒤에 숨어 있는 예상오차가 너무나도 크기 때문에, 이 숫자에 의지하는 편집자는 마치 가느다란 거미줄에 매달려 있는 사람과 같은 신세일지도 모른다.

때때로 수학적으로는 분명히 존재하지만 현실적으로 볼 때 아무런 의미가 없는 조그마한 차이를 가지고 야단법석일 때가 있다. 옛날부터 전해 내려오는 '아무리 적어도 차이는 차이'란 말을 무시해서는 안 된다는 믿음에서 비롯된 것이다. 올드 골드 Old Gold 담배회사가 실제로는 아무것도 아닌 미미한 숫자상의 차이를 일부러 왁자지껄 떠들어대서 회사에 이득을 가져다 준 사건이 그 한 예이다.

사건의 발단은 〈리더스 다이제스트 Reader's Digest〉지에서 비롯되었지만, 이를 제기한 편집자는 그 일이 어떻게 전개될 것인지에 대해서는 전혀 생각조차 못했을 것이다. 그는 애연가였고 그저 막연하게 모든 종류의 담배가 다 같을 것이라고 생각했던 사람이다. 잡지사는 기획의 하나로써 어느 실험실의 연구자들에게 상표가 다른 여러 담배회사들의 담배 연기를 분석하게 하였다. 〈리더스 다이제스트〉지는 그 결과를 발표하면서, 상표별로 담배 연기 속에 들어 있는 니코틴을 비롯한 여러 성분의 함량을 수치로 보여 주었다. 이에 따르면 어떤 상표의 담배이건 사실상 연기의 성분은 똑같고 따라서 어떤 상표의 담배를 피워도 별 차이가 없었다.

그러나 이 기사가 담배 제조업자나 담배회사를 위해 항상 새로운 선전문을 생각해내야 하는 광고부 직원들에게는 큰 타격을 주었을 것이라는 사실은 충분히 짐작할 수 있을 것이다. '목에는 순하고 기관지를 상하지 않게 하는' 따위의 광고문은 사실상 새빨간 거짓말로 드러난 것이다.

이때 누군가가 참으로 희한한 틈바구니를 찾아냈다. 즉 수치를 나열한 통계표를 보았을 때 유독성 성분의 함량이 거의 같다고는 하지만 분명 그 중에는 그 양이 가장 적은 것이 있을 수밖에 없다. 그런 담배가 바로 올드 골드 회사의 담배였던 것이다. 전보가 날아가고, 대문짝만한 광고가 신문을 뒤덮었다. 광고의 제목과 내용은 다음과 같이 단순했다.

"전국적으로 알려진 이 권위 있는 잡지의 조사결과에 따르면, 올드 골드 회사의 담배에는 유독 성분이 가장 적게 들어간 것으로 나타났다."

물론 이 광고문 중에는 이들 함유량의 차이는 완전히 무시해도 좋을 정도라는 것을 말해 주는 숫자나 힌트는 티끌만큼도 보이지 않았다.

얼마 안 있어 올드 골드 담배회사는 당국으로부터 이와 같이 사람들의 오해를 유발힐 수 있는 광고를 '중단'하라는 지시를 받았지만 승부는 이미 끝난 뒤였다. 당국의 제재가 내려오기 훨씬 전에 이미 이익을 다 챙겼기 때문이다. 〈뉴요커New Yorker〉지가 말했듯이, 우리 주위에는 언제나 이런 틈새를 비집는 광고업자가 도사리고 있다.

PART 5

사람 눈을
속이는
그래프

HOW TO LIE
WITH
STATISTICS

눈을 속이는 그래프

숫자는 정말 사람들을 두렵게 만든다. 험티 덤티(역주: Humpty Dumpty - 루이스 캐롤의 동화 이상한 나라의 앨리스에 나오는 계란처럼 생긴 사람)는 앨리스에게 자신만만하게 다음과 같이 말하고 있다.

"나는 내 생각을 모두 말로 표현할 수 있다."

그러나 험티 덤티처럼 늘 자신만만해 하는 많은 사람들도 숫자에 있어서 만은 예외인 것 같다. 우리 자신도 초등학교 시절 수학을 배우면서 항상 겁을 먹었던 경험을 간직하고 있으니까.

이유야 어쨌든, 책을 쓰는 저자는 자기의 책이 많이 읽히기를 원하고, 광고회사 사람은 자기가 만든 광고문으로 상품이 많이 팔리기를 기대하며, 출판사는 자기들이 내놓은 책이나 잡지가 베스트셀러가 되기를 갈망한다. 누구나 다 숫자를 늘리기 위해 필사적으로 뛰고 있다.

그런데 그 수를 표로 만드는 것이 금지되어 있고 말이나 글로는 도저히 나타낼 수 없다면 어떻게 해야 할까?

한 가지 방법은 있다. 즉 그래프로 나타내는 것이다.

통계적 도표나 그래프에는 여러 가지 선이 들어 있다. 이 선들은 사람들이 무엇인가를 보여 주거나, 알고 싶어 할 때 그리고 특별히 점을 찍어 강조하고 싶거나 또는 지난 일을 분석하거나 아니면 어떤 예측을 하려고 할 때, 어떤 경향을 보여 주는 데 있어 매우 유용하다.

하나의 예로, 국민소득이 1년 동안 어떻게 10% 증가했는가를 그래프를 사용하여 나타내 보기로 하자.

우선 모눈종이를 준비한다. 가로축에는 1월부터 12월까지의 달을 표시하고 세로축에는 10억 달러를 단위로 금액을 표시한다. 매월 해당하는 국민소득을 점을 찍은 후에 이들을 연결하여 선을 그으면 다음 페이지와 같은 그림이 된다.

그래프를 보면 모든 것이 분명하게 보인다. 즉 지난 1년 동안에 무엇이 일어났는지 매월 그 변동 상황이 그려져 있다. 시간이 없는 사람도 한 번 슬쩍 쳐다보면 전체를 이해할 수가 있다. 그래프 전체 간격이 일정하고, 맨 아래쪽 선은 0을 가리켜 비교하기 쉽게 그려져 있기 때문이다. 따라서 10% 증가하고 있지만 그렇다고 그렇게 유별난 증가 경향이라 할 수 없는 증가가 일목요연하게 그림에 그대로 나타나 있다.

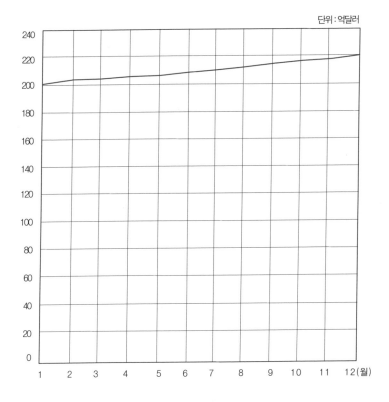

단위 : 억달러

정보를 전달하기 위한 것이라면 이 그래프만으로도 충분하다. 그러나 상대방을 설득하고, 충격을 주며, 더 나아가 선동까지 하여 무언가를 팔고 싶다면, 이 그래프로는 감동을 줄 수가 없다. 그렇다면 이 그래프의 밑 부분을 잘라 보라.

단위 : 억달러

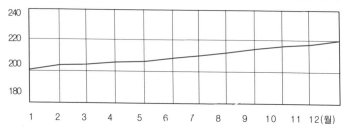

훨씬 좋아 보일 것이다. 종이도 덜 들고, 또 만일 잘못된 그
래프라고 트집을 잡는 이가 있다면 종이를 절약하기 위해 그
랬다고 하면 된다.

표기된 숫자는 이전과 같으므로 연결된 선도 똑같다. 앞의
그래프와 똑같은 그래프이다. 그 어떤 것도 왜곡시킨 것이 없
으며 속임수도 쓰지 않았다. 그래도 그래프로부터 얻는 인상이
달라졌지 않은가. 조급한 사람의 눈에는 그래프에 나타난 선이
12개월 동안에 전체 그래프 높이의 거의 반이나 상승하고 있
는 현상만 눈에 들어올 것 같다. 물론 그래프의 대부분을 잘려
버렸기 때문이다.

그것은 마치 학교에서 문법을 배울 때 어떤 품사를 생략하
더라도 그 내용을 '알 수 있는' 것과 같다. 물론 우리들의 눈이
보이지 않는 것까지 '알 수 있는' 것은 아니다. 그래서 이 그래
프에 나타나는 약간의 증가가 시각적으로는 엄청난 증가로 보
일 수밖에 없다.

작은 것도 크게

이제 애써 속임수를 배우기 시작했으니 그래프의 밑동을 잘라내는 것만으로 만족할 수는 없지 않은가. 이보다도 수십 배나 더 효과가 있는 속임수까지 배워보자. 10%라는 아주 작은 증가로 100%의 증가에 필적할 만큼 쇼킹한 인상을 줄 수 있도록 말이다.

이를 위해서는 그저 가로축과 세로축의 눈금 간격만 바꾸기만 하면 된다. 어떻게 바꿀 것인가에 대한 일정한 규칙도 필요 없고 그저 그래프 모양이 돋보이게만 만들면 된다. 여기서는 세로축의 한 눈금 단위를 앞의 그래프에 표시된 눈금 단위의 1/10로 바꾸었다.

자, 바뀐 그래프를 보라. 이 얼마나 인상적인 그래프인가! 이 그래프를 본 사람이라면 누구나 다 이 나라의 대동맥 속에 고동치는 번영의 맥박을 느끼지 않을 수 없을 것이다. 따라서 '국민소득 10%의 증가'라는 겸손한 제목보다는 '국민소득, 10%의 비약적 신장!'이 더 어울린다. 정말 이 그래프의 힘은 막강하다. 그래프에는 형용사나 부사 같은 것도 일체 없어 객관성에 대한 시비가 전혀 없기 때문이다. 그 누구도 이 그래프에 대해 트집 잡는 일은 없을 것이다.

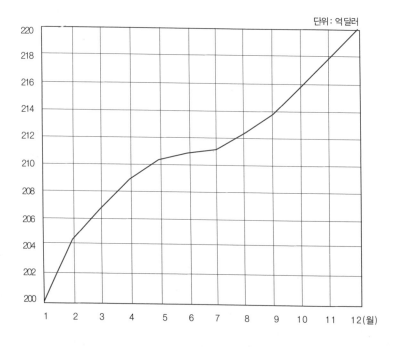

단위 : 억달러

어쨌든 이제 당신은 훌륭한 속임수 기법을 사용할 수 있게 되었다. 1951년 〈뉴스위크Newsweek〉지가 이 방법을 사용하여

'주가기록 경신, 80년 만의 상한가'란 제목의 그래프를 실었는데, 세로축 눈금이 80이 되는 곳에서 잘려진 그래프였다.

1952년 콜롬비아 가스 회사가 〈타임〉지에 낸 광고에는 그 회사의 '금년도 연차 보고서'에서 인용한 그래프 한 개가 실렸다. 원래의 그래프에 나타난 좁쌀만 한 숫자를 읽고 분석해 보면 지난 10년 동안 생활비는 대략 60% 올라갔지만 가스비는 4%나 내려갔다는 것을 알 수 있다.

이 숫자는 그 나름대로 괜찮아 보이는 숫자였지만, 콜롬비아 가스회사에서는 그것만으로는 만족할 수 없었던 모양이다. 그래서 원래 그래프의 밑부분을 90%나 잘라버렸다. 이제 밑도 끝도 없이 이 그래프를 본 사람이면, 지난 10년 동안 생활비는 3배나 올라가고, 가스비는 3분의1이나 내려간 것으로 생각할 것이다.

절단된 막대그래프

철강회사들도 노동자들의 임금인상 요구를 저지하기 위해 여론몰이의 한 방편으로 비슷한 그래프 수법을 사용하였다. 물론 이 방법은 그리 새로운 것도 아니고, 이미 오래 전에 통계 전문지가 아닌 일반 잡지에서까지 그 부적절성에 대하여 지적했던 것이다.

1938년 〈던즈 리뷰^{Dun's Review}〉지에는 어느 논설위원이 연방정부의 홍보를 지지하는 광고에 한 장의 그래프를 실었는데, '공무원 봉급 상승!'이라는 멋진 제목이었다. 그래프에 나타난 선은 실제 수치가 전혀 그렇지 않음에도 불구하고 놀랄 정도로 급상승하는 것으로 되어 있었다.

이 그래프에 따르면, 공무원의 총급여액은 1,950만 달러에서 2천 만 달러로 증가한 것으로 되어 있었다.

그런데 이 그래프의 밑바닥에서 꼭대기까지 솟아오른 선을 따라가다 보면 불과 4%밖에 되지 않는 인상폭이 마치 400% 이상 인상된 것처럼 생각할 수가 있다.

이렇게 과장된 그래프 바로 옆에는 같은 숫자로 만든 또 하나의 그래프가 그려져 있는데 똑같이 4% 증가를 나타내는 이 정직한 그래프의 제목은 '공무원 봉급 안정'이다.

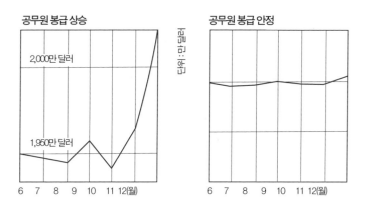

〈콜리어즈〉지도 신문광고에서 막대그래프를 사용하여 같은 수법의 광고를 하고 있다. 특히 이 그래프의 중앙 부분이 절단되어 있음에 주목하라.

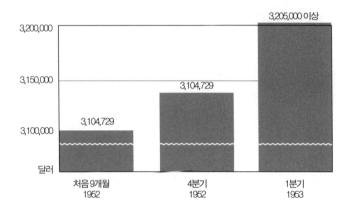

PART 6

백문이
불여일견이라고?
천만에

막대그래프도 모자라다

어린 시절, 우리들 자신일지도 모르는 소인국 사람들에 관한 이야기를 많이 들었다. 그 이야기가 어줍지 않게 느껴질 무렵 우리는 어느덧 어른이 되었고, 어느 사이에 그런 이야기를 들었던 사실마저도 잊어버렸다. 원래 삶은 그런 것이니까.

그런데 그 소인국 사람들은 아직도 우리 곁에 있다. 도표 위에 그려진 채로 말이다. 도표 위에 있는 소인국 사람 하나가 100만 명이고, 돈주머니 하나가 100만 원이거나 1조 원이며, 소인국의 황소 한 마리가 미국인 1인당 연간 쇠고기 공급량과 같다고 주장한다.

그림으로 그려진 도표는 정말 유용하다. 그러나 도표가 갖는 이목을 끄는 힘, 즉 시각적 호소력이 내 마음에 항상 걸려 걱정스럽다. 그런 까닭에 도표는 매우 자연스럽게 우회적으로 남을 속이는 능수능란한 거짓말쟁이이다.

도표(Pictograph)의 원조는 평범한 막대그래프로, 둘 이상의 수량을 비교할 때 자주 사용되는 아주 간단하고 널리 알려져 있는 도구였다. 물론 막대그래프로도 충분히 사람들을 속일 수가 있다.

예컨대 변량이 하나이면서 막대의 높이뿐만 아니라 폭까지도 변화시키거나, 또는 척 보아서는 그 부피가 얼마인지 알아보기 힘든 3차원 입체 그림으로 나타내었다면 우선 의심해볼 만하다. 또 중간을 절단해 짧게 만든 막대그래프는 앞 장에서 살펴본 질려진 그래프와 마찬가지의 위력을 발휘할 수 있다.

막대그래프를 쉽게 접할 수 있는 곳은 지리부도, 기업 보고서, 시사잡지 등이다. 이들 출판물은 다분히 독자들의 시각에 호소할 수밖에 없기 때문이다.

두 개의 숫자, 미국 목수 주급과 로툰디아(역주 : Rotundia ; 이탈리아 북부의 공업도시)에 사는 목수의 주급을 나타내는 두 숫자를 비교해보자. 예를 들어, 그 액수를 각각 60달러와 30달러라고 하자. 이 두 숫자에 눈길을 끌게 하려는데, 숫자만 나열할 수는 없지 않은가? 그래서 막대그래프를 등장시키는 것이다.

그런데 잠깐 여기서 밝혀둘 것이 있다. 이 60달러라는 평균 주급이 작년 여름 당신 집 현관에 난간을 새로 만들면서 목수에게 지불한 막대한 금액에 비추어 보면 상상도 할 수 없을 만큼 적은 액수라고 생각되겠지만, 그 목수는 당신 집에서 일했던 것처럼 그렇게 매일매일 일거리가 있었던 것이 아니라는 사실을 생각해 주기 바란다.

또 이 숫자가 어떤 종류의 평균값이며, 어떤 방법으로 계산하였는지에 대하여 전혀 밝히지 않았다고 해서 그것으로 사람들을 속이려 한다는 생각은 하지 않아도 된다. 만일 밝히고 싶지 않은 정보가 있다면 통계 숫자를 나열하면서 필요한 통계 숫자를 얼마나 쉽게 감출 수 있는지 당신은 알고 있으니까. 어쩌면 내가 설명을 위한 예를 들기 위해 그저 60달러라는 숫자를 날조한 것이라고 추측할 수도 있겠지만, 내가 만일 59.83달러라는 숫자를 썼더라면 그 누구도 티끌만큼도 의심하지 않았을 것이다.

자, 이제 이를 나타낸 막대그래프가 여기 있다.

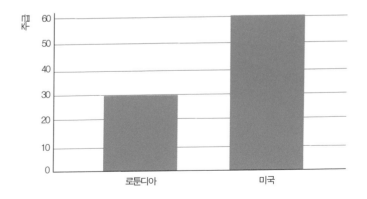

그래프의 왼쪽에 는 주당 급료가 표시되어 있고 누구나 쉽게 그래프의 뜻을 알 수 있으며 매우 정확하게 그려져 있다. 2배에 해당하는 금액은 그래프에서도 정확하게 2배로 나타나 있다.

그런데 이 막대그래프에는 시각적 호소력이 너무도 결핍되어 있는 것이 아닐까?

차라리 막대보다는 돈이란 것을 쉽게 알아차릴 수 있도록 나타내 보이는 것은 어떨까?

시각을 자극하는 그림 도표

이왕이면 돈자루를 사용하자. 얼마 안 되는 급료를 받는 불쌍한 로툰디아의 목수는 한 개의 돈자루를, 미국 목수에게는 두 자루를 배당하여 그림으로 그려보자. 아니면 로툰디아 목수는 세 개의 돈자루 그리고 미국 목수는 여섯 개를 가지고 있는 그림으로 나타내 보자.

어느 쪽을 쓰든 간에 이 도표는 정직하고 분명하니까 아무리 시간이 없어 잠깐만 보더라도 사기당할 일은 없을 것 같다. 정직한 도표의 제작은 이렇게 하는 것이다.

정확한 정보를 제공하는 것만이 목적이라면 이것으로 충분하다. 그렇지만 이에 만족할 수는 없다. 좀 더 나아가 미국 목수가 로툰디아 목수보다 훨씬 더 부유하다는 것을 강조하고 싶다면, 30달러와 60달러의 차이를 될수록 과장해서 표시하라. 그러면 점점 더 내가 원하는 것에 다가갈 것이다. 사실대로 말한다면 (물론 나로서는 진실을 알리고 싶지는 않았지만 나는 당신이 이 도표가 과장해서 보여 주는 속임수에 걸려들지 않고 무엇인가를 추론해 주기를 바랄 뿐이다.) 그 속임수는 다음과 같은 것으로, 사람들은 늘 여기에 속게 마련이다.

먼저 로툰디아 목수의 주급 30달러를 나타내는 돈자루를 그린다. 그리고 그 옆에다 미국 목수의 주급 60달러를 나타내는 2배 높이의 돈자루를 그린다. 보시다시피 주급의 비율대로 정확하게 그린 그림이 아닌가?

사기치는 건 아니고
그냥 각색된거야.

이것이야말로 내가 보여 주고 싶었던 그림이다. 이제 미국 목수의 주급은 로툰디아 목수의 주급에 비해서 어마어마하게 크게 보이니 말이다.

물론 이것이 바로 그 속임수의 술책이다. 미국 목수의 돈자루의 높이는 로툰디아 목수의 돈자루 높이의 2배인 것은 사실이지만 동시에 그 폭도 2배이다. 따라서 그 넓이는 실제 2배가 아니라 4배이다. 숫자는 2대 1로 되어 있지만 시각적으로는 (항상 시각적 인상이 모든 판단을 지배한다.) 4대 1이라는 느낌을 준다. 더욱 기가 막힌 것은 실제 그림이 3차원으로 나타나 있기 때문에 높이, 폭 뿐만 아니라 두께도 2대 1로 되어 있다.

기하학 책에도 나와 있듯이 서로 닮은 입체의 부피의 비는 대응하는 변의 길이의 비의 세제곱에 비례한다. 2의 세제곱은 8이므로 만약 작은 쪽 돈자루에 30달러가 들어간다면 큰 쪽 돈자루는 부피가 8배이므로 60달러가 아닌 240달러가 들어가 있어야만 한다.

기발한 독창성을 발휘한 도표는 바로 이를 노린 것이다. 말로는 그저 2배라고 얼버무리면서도 실제로는 8배라는 엄청난 인상을 심어놓는 것이다.

그렇다 하더라도 당신은 내가 사기꾼 노릇을 했다고 비난할 수 없을 것이다. 나는 단지 수없이 많은 사람들이 해 왔던 것을 흉내냈을 따름이다. 〈뉴스위크〉지도 돈자루를 이용해서 이 기법을 써먹었으니 말이다.

과장된 도표들

미국철강협회(American Iron and Steel Institute) 도 용광로의 그림을 이용하여 이 수법을 써 먹었다. 그들은 1930년부터 1940년 사이에 미국 철강산업의 제강 능력이 얼마나 커졌으며, 이는 정부의 원조를 하나도 받지 않고 산업계 단독의 힘으로 이룩하였다는 것을 보여 주려고 한 시도이다.

이 경우에도 그림으로 표현하여 목적을 쉽게 달성할 수 있었다. 그림에서 1930년대에 이룩한 1,000만 톤의 생산 능력을 갖는 용광로의 높이는 1940년대에 이룩한 1,425만 톤의 생산 능력을 나타내는 용광로 높이의 3분의 2를 약간 상회한다.

그러나 눈으로 봤을 때 두 용광로의 크기는 한쪽이 다른 쪽의 거의 3배나 되어 보인다. 1.5배라고 말하면서 3배로 보여 주는 것, 이를 평면 위에서 그림으로 나타내는 것이다.

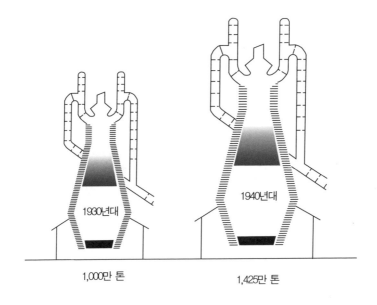

1,000만 톤   1,425만 톤

철강협회의 친구들이 만들어낸 예술과도 같은 이 작품에서
는 몇 가지 재미있는 또 다른 사실을 발견할 수가 있다. 큰 용
광로는 수평 방향으로 정해진 비례보다 크게 그려져 있어 옆
에 있는 작은 용광로보다 약간 더 뚱뚱해 보인다. 또 용해된
철을 나타내는 밑바닥의 까만 막대는 10년 전 것에 비하면 그
길이가 2.5배나 된다. 그결과 실제로는 50%밖에 증가하지 않
았는데도 그림에서는 150%나 증가한 것으로 되어 있기 때문
에 계산이 틀리지 않는다면 전체 증가가 1,500% ($(2.5)^3$=15.625
≒1563%)되는 것처럼 보인다. 환상적인 계산이다.

여기서 지적하기가 적절치 않으나, 위의 도표와 같은 쪽에는 밑 부분을 잘라 생략해 버린 멋진 그래프가 화려한 색깔로 광택 처리되어 있다. 밑 부분이 잘려져 있기 때문에 이 그래프 는 1인당 제강 능력이 실제보다 훨씬 과장되어 증가한 것처럼 보인다. 지면도 절약하고 증가량도 배나 되어 보이니 일거양득 인 셈이다.

어쩌면 매사를 적당히 처리하는 도안가 때문에 이와 같은 그래프가 제작되었을 수도 있다. 그러나 이는 마치 속아서 거 스름돈을 적게 받아온 것 같은 찜찜한 느낌이 든다. 카운터를 지키는 사람에게만 유리한 것이라면 누구나 한 번쯤 의심해 보지 않을 수 없다.

언젠가 〈뉴스위크〉지에는 '미국 노인들의 수명이 얼마나 연 장되었을까?'라는 제목으로 두 사람의 남자가 그려진 도표 가 게재된 적이 있었다. 그림의 한 남자는 현재의 평균 수명인 68.2세를 대표하고 있었으며 다른 한 남자는 1879~1899년대 의 평균수명인 34세를 대표하고 있었다.

이 그림 역시 상투적인 방법을 사용하고 있었는데, 한쪽 남 자의 키가 다른 쪽 남자의 키의 2배나 돼서, 몸의 크기나 체중 은 8배로 보일 수밖에 없었다. 이 도표는 기사 내용을 유리하 게 이끌어 가기 위해 일부러 사실을 과장해서 그렸던 것이다. 이것이야말로 선동주의의 한 예이다.

소의 증가

1860년

1936년

코뿔소의 증가

1515년

1936년

도표에서 어떤 사물의 크기를 변화시킬 때에는 또 한 가지의 위험이 뒤따른다.

예컨대 옆 도표에서 보듯이 1860년에서 1936년까지 미국의 젖소는 800만 마리에서 2,500만 마리 이상으로 늘어났다. 젖소의 키, 폭, 두께를 각각 3배로 그려서 과장하는 수법은 이미 앞에서 논했다.

그런데 단번에 이 도표만 보고 판단을 내리는 성급한 독자 중에는 좀 더 이상한 생각을 하는 사람도 있을 것이다. 즉 요즘에는 소가 옛날에 비해 많이 비대해졌구나, 하는 사람 말이다.

코뿔소 수가 얼마나 줄어들었는지 보여 주는 앞의 도표도 같은 수법을 사용하였다. 옥덴 나쉬^(Ogden Nash;1902~, 미국의 시인)는 언젠가 코뿔소 같은^(rhinosterous)이란 단어에 터무니없는^(preposterous)이라는 단어를 대응시켜 운을 맞춘 적이 있었는데, 이는 위와 같은 속임수 도표 제작 방식이 언어에서 표현된 독특한 예가 아닐까?

PART 7

아전인수를
위한
마구잡이 통계

억지로 갖다 붙이기

　무엇인가 증명하고 싶어도 증명할 수가 없는 경우에는 다른 엉뚱한 것을 하나 끄집어내 증명한 다음 마치 그 두 사실이 같은 것처럼 슬쩍 넘어간다. 서로 모순이지만 복잡하게 보이는 통계 숫자들을 눈앞에 갑자기 들이밀어 어리벙벙하게 만들면 그들 사이의 사소한 차이를 주목할 수 있는 사람은 거의 없다. 아전인수 격으로 꾸며 내어 갖다 붙인 숫자들은 당신을 언제나 유리한 위치에 놓이게 해 주는 훌륭한 도구이다. 이 말이 틀리면 정말 내 손에 장을 지지겠다.

　당신이 심혈을 기울여 개발한 약이 감기 치료약으로 효용 있음을 증명할 수는 없다 하더라도, 단 10g의 약만 있으면 시험관 내에 들어 있는 세균을 11초 만에 31,108개나 죽일 수 있다는 확실한 실험실의 연구보고를 대문짝만한 활자로 발표할 수는 있다. 단 이런 일을 하기에 앞서 반드시 유명하거나 권위 있는 연구소를 섭외해야만 한다. 또 보고서는 전문을 게재하는 것이 좋고 보고서 옆에는 의사처럼 보이는 하얀 가운을 입은 모델 사진을 같이 올려놓으면 더 효과적이다.

또한 당신의 노하우까지 언급해서는 절대로 안 된다.

'시험관에서는 이 방부제가 잘 듣지만 사람의 목에 생긴 염증에 는 잘 듣지 않을 수도 있어요. 목이 상하지 않도록 회서해야 하는 처방을 내려야 하니까.'

이런 따위의 얘기를 자진해서 할 필요는 없지 않은가. 또 어떤 종류의 세균에 효능이 있는지 밝혀서 문제를 복잡하게 만들지 말라. 도대체 감기를 일으키는 세균이 어떤 종류인지 누가 알고 있겠는가? 어쩌면 감기의 원인은 세균이 아닐지도 모른다고 하는데 말이다.

사실상 시험관에 들어 있던 세균과 감기의 원인이 되는 세균 (그것이 어떤 종류든 간에) 사이에는 어떤 관계가 있는지 아무도 알 수 없다. 그리고 이를 일일이 따지는 사람도 없으며 더군다나 감기로 코가 근질근질할 때는 무조건 약을 찾게 마련이다.

어쩌면 이런 것들은 너무나 뚜렷한 것들이라, 광고문에 분명히 드러내지 않더라도 사람들은 쉽게 그 속임수들을 알아차리기 시작할 것 같다.

이제 이보다 한 수 더 높은 속임수를 소개해보려 한다.

인종편견이 점점 심화되고 있는 시점에 이러한 경향이 없음을 '증명'해 달라는 부탁을 받았다고 하자.

그리 힘든 일은 아니다. 우선 직접 조사에 나서거나 또는 괜찮은 조사기관을 시켜 여론조사를 시행하게 한다. 보통 때처럼 전 국민의 대표 표본을 추출하여 다음과 같은 질문을 던진다.

"흑인도 백인과 동등한 취업의 기회가 주어져 있다고 생각하는가?"

일정기간을 두고 같은 조사를 여러 번 하다 보면, 보고서를 작성할 정도의 어떤 경향을 찾아낼 수 있을 것이다.

프린스턴Princeton 대학의 여론조사연구소가 이 질문으로 여론조사를 실시한 적이 있었다. 그 결과 대단히 재미있는 사실이 드러났는데, 세상일이 다 그렇듯이, 특히 여론조사에서는, 우리가 생각하고 있던 것이 그대로 실현되지 않는다.

이 조사에서는 질문에 응답하는 사람에게 취업 기회에 관한 위의 질문을 던지는 동시에 흑인에 대해 강한 편견을 갖고 있는지를 알아보는 또 다른 질문도 함께 하였다. 그 결과 인종에 대한 편견이 강한 사람일수록 취업기회에 관한 질문에 대해 '그렇다'고 대답하는 경향이 강하다는 것이 밝혀졌다.

집계 결과, 흑인에게 동정적인 사람의 3분의 2가 동등한 취업의 기회가 주어지지 않는다고 생각하고 있는 데 반해, 인종에 대한 편견을 갖고 있는 사람들의 3분의 2는 동등한 취업의 기회가 주어진다고 응답하였다. 이 조사결과에서 흑인의 취업 현황에 관해서는 아무것도 알아낼 수 없었지만, 인종문제에 대한 백인들의 태도에 관해서는 매우 흥미 있는 사실을 발견했다는 점이 꽤 커다란 수확이었다.

만약 이 여론조사 기간 중에 흑인에 대한 차별이 증가하는 현상이 빚어지면, 흑인의 취업 기회는 백인의 취업 기회와 동등하다고 응답하는 비율이 증가할 것이라는 것을 알 수 있다. 그 결과 다음과 같은 발표가 나올 것이다.

"흑인에 대한 공평한 대우가 계속 실현되고 있다."

이런 식으로 아전인수 격의 억지 숫자를 갖다 붙임으로써 획기적인 결과를 얻어낼 수가 있었던 것이다. 즉 상황이 악화되면 악화될수록 그 반대로 여론조사는 더 호의적인 결과를 낳게 된다.

숫자로 장난치기

또 다른 다음과 같은 예를 들어 보자.

'유명한 의사들 중 27%는 다른 어느 회사의 담배보다 스로 티Throty 담배를 많이 피운다.'

여기 제시된 숫자 자체가 어쩌면 몇 가지 점에서 엉터리일지도 모른다. 그러나 그마저도 상관없다. 아무 의미도 없는 이 숫자를 보고 단하나의 생각밖에 들지 않는다. 즉 '그래서 그 숫자가 어쨌단 말이냐?'는 의문이다. 의사라는 직업이 어느 정도 존경받는다는 것을 인정한다 하더라도, 그래서 도대체 의사라고 하여 담배 종류에 대해 우리들보다 더 많이 안다고 할 수 있을까? 여러 담배 중에서 가장 해가 적은 것을 골라낼 수 있을 만큼의 자세한 정보를 의사들이 갖고 있단 말인가?

물론 그런 일은 있을 수 없을 것이다. 당신이 잘 알고 있는 의사에게 물어 보더라도 똑같이 대답할 것이다. 그렇긴 하나

이 '27%'라는 숫자가 무엇인가를 말해 주는 것 같아 보이니 참 묘한 노릇이다.

27%에서 1%를 내려 깎은 수치로 주스 짜는 기구인 주서에 관한 예를 생각해 보기로 하자. '주스를 26%나 더 짜낼 수 있음을 연구소 실험에 의해 확증'한 이 기구를 널리 선전하고 있으며 더욱이 '굿 하우스키핑 협회Good Housekeeping Institute에 의해서도 품질 보증'을 한다고 주장한다.

그러니 정말 좋은 제품인 것 같다. 26%나 더 많은 주스를 짤 수 있다니 다른 회사의 제품을 살 필요가 없지 않은가? '연구소에서의 실험'(특히 회사와 무관한 독립된 연구소의 실험)에 의해서 이 터무니 없는 사실이 증명되었다는 문제는 더 이상 언급하지 말고, 단지 이 숫자가 무엇을 뜻하는지만 따져 보자.

도대체 26%를 더 짜낼 수 있다니 어느 것과 비교해서 그렇단 말인가? 알고 봤더니 결국 손으로 눌러 짜는 수동식 압착기보다 26% 더 많이 짜낼 수 있는 주서라는 것에 불과하다는 판명이 났다. 즉 26%라는 숫자는 이 주서를 구매하려고 결정하는 데 있어서 전혀 필요 없는 데이터임이 밝혀진 것이다. 어쩌면 시장에서 가장 형편없는 주서일 수도 있다. 어쨌든 이 26%라는 숫자가 자세하게 제시된 것이 의심스럽기도 했지만, 실제로도 제품의 특성과는 아무 관련도 없는 숫자였던 것이다.

숫자를 사용하여 사람들을 속이려 드는 것은 광고쟁이들만

이 아니다. 독자들의 상당한 관심을 끌 것으로 확신하는 안전 운전에 관한 특집기사가 〈디스 위크This Week〉지에 실린 적이 있었다. '시속 110km의 속도로 고속도로 위에서 좌우로 이리 저리 왔다갔다 핸들을 꺾어 난폭 운전을 하면 어떻게 될 것인 가'에 관한 기사였다.

이 기사에 따르면, 오전 7시에 운전하는 것이 오후 7시에 운전할 때보다 생존 확률이 4배나 크다고 한다. 왜냐하면 '오후 7시에 고속도로 위에서 생겨나는 사망자 수가 오전 7시의 사망자 수의 4배'나 되기 때문이라는 것이다. 이는 사실이지만 그렇다고 위와 같은 결론을 내릴 수는 없다. 아침보다 밤에 사망자 수가 많은 것은 밤이 되면 고속도로에서 운전하는 사람 수가 많아지기 때문에 교통사고로 죽는 확률도 그만큼 크다는 것뿐이다. 실제로 고속도로에서 혼자 운전하는 행위가 위험한 것은 사실이지만, 그렇다고 위에 제시된 숫자가 그것을 입증하는 것은 아니다.

이 황당한 수법은 쾌청한 날에 운전하는 것이 안개가 낀 날에 운전하는 것보다 더 위험하다는 것을 증명하는 데 써먹을 수도 있다. 쾌청한 날이 안개 낀 날보다 훨씬 더 많기 때문에 교통사고 수가 더 많이 발생하게 된다. 그러나 실제로 안개 낀 날의 운전이 훨씬 더 위험하다.

사고통계를 보면 여러 가지 교통수단에 의한 사망자 수가 너무도 많아 겁이 날 지경이다. 물론 그 통계 숫자가 사실과 얼마나 동떨어져 있는가를 모르고 있을 때의 이야기이긴 하지만……

작년 한해 동안의 비행기 사고로 사망한 사람의 수가 1910년대의 비행기 사고로 인한 사망자 수보다도 많았다. 그렇다면 오늘날의 비행기가 옛날 비행기보다 더 위험하다고 할 수 있을까? 물론 이 또한 황당한 추론이다. 옛날보다 수백 배 많은 사람들이 비행기를 이용하기 때문이라는 것이 단 하나의 이유이다.

최근 1년 간의 기차 사고에 의한 사망자 수는 4,712명이라는 기사가 있었다. 기차를 이용하지 않고 자동차를 이용하게 유도할 수 있는 기사이다.

그러나 이 숫자가 의미하는 내막을 자세히 들여다보면 사정이 전혀 다르다는 것을 알 수 있다. 이 사망자 중 절반은 철도 건널목에서 기차와 충돌한 자동차에 타고 있던 사람들이었으며 나머지 절반의 대부분은 철로를 무단 횡단하던 사람이었다. 사망자 4,712명 중 단지 132명만이 기차 승객이었다. 이 숫자마저도 다른 교통수단에 의한 사망자 수와 단순 비교만 한다면 아무런 의미가 없다. 똑같은 여행 거리를 기준으로 사망자 수를 계산하는 것이 필요하다.

만약 당신이 미국 대륙 횡단을 하려 할 때 사고 위험을 걱정한 나머지, 기차, 비행기, 자동차 중 어느 것이 작년도에 가장 많은 사망자 수를 기록한 교통 수단인지를 찾아 보아도 만족할 만한 답을 얻을 수 없을 것이다.

차라리 각각의 교통수단으로 100만 km를 달렸을 때 몇 명의 사망자 수가 기록되었는지 그 비율을 알아 보는 것이 어느 교통 수단이 가장 안전한가를 알 수 있는 지름길이다.

숫자는 실제와 다르다

어떤 무엇인가를 계산해 놓고 나서 그 결과를 마치 다른 것에 관한 숫자처럼 발표하는 방법은 이 밖에도 얼마든지 있다. 일반적으로 겉보기에는 같아 보이지만 실제로는 같지 않은 두 개의 사물을 선택하는 것부터 시작된다.

예를 들어, 노동조합과 쟁의 중에 있는 어느 회사의 인사담당 간부인 당신이 노동조합에 대해 반대 의견을 가지고 있는 종업원이 몇 명이나 되는지 조사할 필요가 있다고 하자.

이 노동조합이 천사들의 모임이 아닌 이상, 종업원에게 질문을 던져 그 응답을 정직하게 받아 적기만 해도 대부분의 종업원들은 노동조합에 대해 약간이라도 이러저러한 불평불만을 품고 있다는 것을 충분히 알 수 있다. 그리고 이 결과를 다음과 같은 제목의 보고서로 발표할 수가 있다.

'78%나 되는 대다수의 종업원은 노동조합에 반대한다.'

그러나 이 발표를 위해 당신이 한 것은, 노동조합에 대한 조합원들의 갖가지 사소한 불평과 불만들을 집대성하여 얼핏 듣기에는 같아 보이지만 실제로는 전혀 다른 '노동조합 반대'란 말로 슬쩍 바꿔치기 한 것에 불과하다. 실제로는 어떤 새로운 것도 증명하여 놓지 못했으면서도 무엇인가를 증명한 것처럼 보이는 것이다.

그래도 큰 문제는 없다. 노동조합 측에서도 지지 않고 거의 모든 노동자가 회사 측의 경영 방식에 반대하고 있음을 같은 방법으로 쉽게 증명할 수 있기 때문이다.

아전인수 격의 억지 숫자를 더 찾고 싶으면 큰 회사의 회계 보고서를 자세히 살펴 보면 된다. 회사에서는 발생한 이윤을 그냥 그대로 정직하게 발표하면 너무도 거액이 되기 때문에 이를 다른 항목 아래 숨겨놓으니 항상 주의해서 검토해야만 한다.

미국자동차연합노동조합 기관지인 〈앰뮤니션Ammunition〉지는 이와 같은 교활한 방법에 관해 다음과 같이 설명하고 있다.

회사의 회계보고에 의하면 회사는 작년도에 3,500만 달러의 이익을 올렸다. 이는 1달러 매출마다 단 1.5센트의 이윤을 얻은 것에 불과하다. 너무도 작은 이윤이라 회사에게 미안한 생각이 들 정도이다. 화장실의 전구 하나를 바꿔 끼우는 데에 30센트가 드니 회사로서는 그 전구 값을 벌기 위해 매출 실적을

20달러 더 올려야 할 판이다. 화장실에서 휴지 한 장 쓰는 것도 마음에 걸릴 지경이다.

그러나 사실은 그 반대이다. 이윤이랍시고 회사가 발표한 것은 실제 이윤의 반 또는 3분의 1도 되지 않는다. 발표하지 않은 이윤들은 감가상각, 특별상각, 비상적립금 등의 항목 아래에 감추어 놓았다.

터무니없이 뻔뻔스러운 똑같은 사례를 비율(퍼센트)을 이용한 예에서도 찾을 수가 있다. G.M.(General Motors)은 최근 9개월 간의 매출 실적에 대한 이윤(세금을 공제 후)이 비교적 낮은 12.6%라 발표했다. 그런데 같은 기간에 투자에 대한 이익은 44.8%였는데, 이 44.8%라는 숫자는 보기에 따라서는 높다고도 할 수 있고 낮다고도 할 수 있다. 그것은 당신이 어떤 주장을 펼치기 위해 이를 사용하느냐에 달려 있다.

이와 비슷한 퍼센트에 관한 이야기로서 〈하퍼즈〉지의 한 독자가 독자투고란에 A&P(전미 제일의 규모와 체인을 갖고 있는 슈퍼마켓 회사)를 옹호하는 글을 기고한 일이 있다.

그는 그 글 안에서 A&P의 매출 실적이 불과 1.1%라는 낮은 순이익밖에는 얻지 못했다는 것을 지적하고 다음과 같이 반문하고 있다.

"미국 시민이라면 그 누가 1,000달러 투자에 대하여 10달러보다 조금 더 많을까 말까한 이윤을 얻었다고 해서 부당한 이윤을 올렸다는 비난을 받을까봐 전전긍긍할 것인가?"

그러고 보니 이 1.1%라는 숫자는 비참할 정도로 적어 보인다. 이것을 연방정부의 주택대부관리국이 설정한 모기지(MORGAGE 저당 대출)나 은행 대출 등에서 낮이 익은 4% 내지 6% 또는 그 이상의 이자와 비교해 보라. 이럴 바에야 차라리 A&P는 식료품상을 그만두고 그 자본금을 은행에 예금해서 이자로 살아나가는 것이 훨씬 좋지 않을까?

이 경우의 함정은 연간 투자액에 대한 수익이란 것이 총 매출실적 대한 이익과는 전혀 다르다는 점이다. 이 독자 편지에 대해 다른 독자가 〈하퍼즈〉지의 최근호에서 다음과 같은 반박문을 게재하였다.

"매일 아침 어떤 상품을 99센트에 사서 오후에는 1달러에 팔면 이윤은 매출 실적의 1%밖에 되지 않는다. 그러나 이를 1년간 계속하면 투자액의 365%의 이윤을 얻을 수 있다."

어떤 숫자이건 간에 그것을 표현하는 방법은 여러 가지가 있다. 똑같은 사업 실적이라도 이를 매출 실적의 1% 이익이라든가, 투자액의 15% 이익, 또는 1천만 달러의 이윤이라든가, 40%의 이익 신장률(1935~39년 사이의 평균 대비), 또는 전년도 대비 이익의 60% 감소라든지 여러 가지 방식으로 얼마든지 표현할 수가 있다.

이 많은 표현 방법 중에서 원하는 목적에 가장 알맞은 것을
골라 쓰면 되는 것이다. 게다가 이 숫자가 실상을 옳게 반영하
는 것이 아니라는 사실을 간파하는 사람은 거의 없다고 믿어
도 좋다.

의미 없는 숫자

이와 같은 억지 숫자가 전부 사람들을 속이기 위해서 만들어진 것은 아니다. 모든 사람에게 매우 중요한 의학 통계를 포함해서 수많은 통계들이 원천 자료의 일관성 부족으로 왜곡되어 있는 경우가 허다하다.

임신중절, 사생아 출생 또는 매독 등 취급하기에 무척 신경이 쓰이는 문제에 관한 통계 중에는 모순에 찬 숫자들이 엄청나게 많다. 유행성 감기와 폐렴에 관한 최근의 통계를 보면 이들 병의 거의 전부가 미국 남부의 세 주에 모여 있어서 전체 경우 수의 약 80%가 그 세 주에서 발생한다는 묘한 결론을 얻게 된다.

그러나 다른 주에서 이미 중단한 지 오래된 이 병의 발생 보고를 이 세 주에서만은 아직도 의사들이 의무적으로 시행해야 하기 때문에 빚어진 숫자이다.

말라리아에 관한 다음과 같은 통계 숫자도 같은 이유로 아무런 의미 없는 숫자이다. 1940년 이전 미국 남부에는 연간 수십만 명의 말라리아 환자가 발생했는데 오늘날에는 손으로 꼽을 정도밖에는 발생하지 않는다. 이 통계 숫자를 보면 최근 2~3년 사이에 공중 보건에 있어 무엇인가가 매우 중요한 변화가 일어난 것 같아 보인다.

그러나 좀 더 자세히 들여다보았더니, 오늘날에는 말라리아라는 것이 말라리아라고 명확히 판명된 경우에 한해서만 보고되는 데 반해 옛날 남부 대부분의 주에서 말라리아라는 단어가 감기나 몸살을 나타내는 일상용어로서 사용되었다는 것이 그 진상이다.

미서전쟁(Spanish-American War, 1898년) 동안 미 해군의 전사율은 천 명당 9명이었다. 그런데 같은 기간 중 뉴욕시에서의 사망률은 천 명당 16명이었다. 미 해군의 징병관들은 이 숫자를 이용해서 해군 입대가 뉴욕에 거주하는 것보다 더 안전하다고 선전하였다.

백 번 양보하여 이 숫자 자체가 정확하다고 가정하자. 그리고 이 숫자의 맹점 또는 징병관들이 이 숫자로부터 추론한 결론의 맹점이 어디에 숨겨져 있는지 잠깐 생각해보자.

실은 애당초 두 집단은 비교가 불가능한 집단이었다. 해군은 대부분이 육체적으로 건강한 청년들로 구성되어 있는 데 비해 뉴욕 시민 중에는 갓난아이도 있을 것이고 노인이나 환자들도 끼어 있어서 그들이 세계의 어느 곳에서 살건 간에 사망률은 당연히 높았을 것이다. 따라서 이 숫자가 해군 입대 기준에 통과할 만한 건강한 청년들이 뉴욕 시내에 살 때보다 해군에 입대해 있을 때가 사망률이 더 적다는 것을 증명한 것은 아니며 또 그 역도 성립하지 않는다.

의학 사상 1952년은 소아마비가 대유행한 최악의 해였다는 불행한 뉴스를 들었는지 모르겠다. 이는 그 해에 보고된 환자 수가 그 이전의 어느 해보다도 더 많다는 어쩔 수 없는 증거에 근거를 둔 것이었다.

그런데 전문가들이 이 숫자를 좀 더 깊이 들여다보았더니, 실제로는 그렇게까지 비관적인 것은 아니었다는 몇 가지 사실을 밝혀냈다. 우선 그 해에는 이 병에 걸리기 쉬운 연령의 아동이 그 어느 해보다도 월등히 많아 발병률이 예년과 같은 수준을 유지한다 하더라도 환자의 수는 기록적인 숫자로 뛰어올랐을 것이라는 사실이다.

다음은 소아마비에 대한 일반 사람들의 인식이 높아져 의사에게 진단을 받는 횟수가 늘어나 경미한 환자마저도 기록에 남겨지게 되었다는 사실이다. 마지막으로 소아마비 보험의 가입자 수의 증가 및 소아마비전국기금으로부터의 원조 금액 증

대 등과 같은 재정적 지원도 환자 수 증가의 한 요인이 되었
다. 이상 세 가지 요인을 검토해 보니 기록적인 소아마비 환자
의 수에 대한 의심을 제기할 수밖에 없었으며 실제로 이 의심
은 그 해의 총 사망자 수를 보고 해결될 수 있었다.

흥미 있는 것은 어떤 유행병의 발병률을 재는 척도로서는
환자 수보다는 사망률 또는 사망자 수가 더 정확하다는 사실
이다. 사망 시의 보고가 그 내용이나 기록 면에서 훨씬 더 정
확하기 때문이다.

따라서 위의 경우, 이 병과 비슷한 질병의 발병률을 모두 포
함한 것으로 생각되는 환자 수보다는 그 결과를 나타내는 사
망자 수가 더 정확한 통계이다.

4년마다 생기는 숫자들

미국에서는 4년마다 건강부회의 억지 숫자가 한꺼번에 쏟아져 나온다. 이들 숫자들은 어떤 주기성이 있는 것이 아니라 매 4년마다 선거가 실시되기 때문에 생기는 것이다. 1948년 10월 공화당이 발표한 선거에 대한 다음 성명도 한 구절 한 구절이 모두 사실에 기반을 두고 있는 것처럼 보이지만 실제로는 그렇지도 않은 숫자를 토대로 해서 만든 것이다.

1942년 듀이가 뉴욕 주지사로 선출되었을 당시에 교사 연봉이 최저 900달러도 안 되는 지역이 있었다. 그런데 오늘날 뉴욕주 내의 교사들은 세계에서도 가장 높은 급료를 받고 있다. 그 까닭은 자문위원회의 답신에 의거해서 듀이 주지사가 발의한 권고안에 따라 주의회가 1947년도 주 예산의 흑자분에서 3,200만 달러를 지출하여 교사들의 급여를 즉시 증액하는 데에 충당하였기 때문이다. 그 결과 오늘날 뉴욕주 내 교사의 최저 급여는 2,500달러에서 5,325달러 사이에 이르게 되었다.

듀이 주지사가 교사들의 훌륭한 벗임을 충분히 증명할 수는 있겠지만, 그러나 위의 숫자로부터는 이를 증명할 수가 없다. 위의 예는 옛날부터 사용되어 온 '사전, 사후 눈속임 before-and-after trick'이라 불리는 방법의 하나로서, 언급하지 않은 사실을 도입한 후 나중에 마치 이를 모두 언급했던 것처럼 눈가림하는 수법이다.

이 예에서는 900달러가 '사전'이고 2,500달러 내지 5,325달러가 '사후'로, 이 차이만 보면 상당히 개선된 것임에 틀림없다.

그런데 낮은 쪽 숫자인 900달러는 뉴욕주에서도 가장 시골인 어느 한 지역에서의 최저 급여이고, 높은 쪽은 뉴욕시(뉴욕주가 아님)의 급여였던 것이다. 그러니 듀이 주지사가 실제로 급여 수준 개선에 성공했는지는 몰라도 그렇지 않을 수도 있음을 부정할 수는 없다.

앞의 예는 잡지나 광고에서 자주 사용되는 속임수, 즉 '사용 전 사용 후 사진법(before-and-after photograph)'을 통계의 형식으로 꾸며댄 것에 불과하다. 사용 전, 사용 후 사진법이란 예컨대 거실의 사진을 페인트칠을 하기 전과 한 뒤에 각각 한 번씩 찍어서 페인트칠을 하면 같은 방이라도 이렇게 근사하게 보인다는 것을 선전하는 수법이다. 이 두 사진을 잘 비교해보면 '사후' 사진에는 '사전' 사진에는 없었던 새로운 가구가 추가되어 있기도 하고, 또 사전 사진은 크기가 작고 조명도 매우 나쁜 흑백 사진인데 비해서 사후 사진 쪽은 대형의 천연색 사진으로 둔갑을 하는 경우마저 있다.

또 어떤 경우에는 묘령의 처녀 사진 두 장을 써서 어떤 화장품 회사의 샴푸를 쓰면 처녀가 이렇게 미인이 된다고 선전하는 광고를 볼 수 있다.

사후의 사진을 보면 단연 그 아가씨는 미인으로 바뀌어 있다. 그러나 그 사진을 자세히 살펴보면 그렇게 변해버린 원인의 대부분이 일부러 살짝 밝게 미소를 짓거나, 또는 머리카락에 역광선을 비쳐서 머리카락 부분을 두드러지게 보이게 하여 사진사가 일부러 만들어낸 작품임을 쉽게 알 수가 있다. 즉 샴푸 덕택이 아니고 사진사의 기술 덕택에 미인이 된 것이다.

PART 8

통계도
논리다

담배를 피우면 공부를 못한다?

예전에 어떤 사람이 담배를 피우는 학생은 그렇지 않은 학생보다 대학에서의 성적이 나쁘지나 않을까 하는 문제를 열심히 조사한 적이 있었다. 조사결과는 그렇다는 것으로 판명되었다. 이 조사결과는 많은 사람들을 기쁘게 하였으니, 그 이후도 이 결과는 계속해서 매우 중요시 되어 왔다. 따라서 좋은 성적을 올리려면 결국에는 담배를 끊어야 한다는 결론으로 이끄는 것 같은데, 좀 더 나아가 흡연은 사람의 지능을 저하시킨다는 결론까지 가더라도 큰 무리는 없을 것 같이 보인다.

사람들은 이 독특한 연구가 적절한 방법으로 이루어졌을 것이라 믿는다. 크기가 충분히 큰 표본을 정직하게 그리고 신중하게 추출하고 상관관계가 높은 유의성을 가졌을 거라고.

그러나 이 연구결과의 오류는 옛날부터 내려온 전통적인 오류로, 통계자료 속에서 어떤 경향이 갑자기 두드러지게 나타나는 것을 말하는데, 그럴듯한 숫자로 모양을 바꿔 등장시키는 수법이다. 즉 B는 A가 발생한 후에 일어난 것이니 A는 B의 원인이라고 결론을 내리는 오류이다.

위의 예는 흡연과 성적 불량이 동시에 발견되므로 흡연이 성적 불량의 원인이라는 부당한 엉터리 가정을 하였던 것이다.

그렇다면 그 역도 옳을 수 있지 않을까? 즉 어쩌면 성적 불량 때문에 음주가 아닌 흡연을 하게 된 것인지도 모른다. 어쨌든 이 결론도 앞서 내린 결론처럼 그럴듯해 보이며 또 같은 증거에 의해 뒷받침되고 있다. 그러니 어떤 결론도 대대적인 선전감으로 부족하기는 마찬가지이다.

한편, 이 두 결론은 그 어느 것도 다른 쪽의 원인이 되는 것이 아니라 양쪽 모두가 그 어떤 제3요인의 결과라고 결론을 내리는 것이 오히려 더 나아 보인다. 책을 멀리 하면서 사람 만나는 것을 더 즐기는 학생이 담배를 더 많이 피울 수도 있지 않은가? 또는 누군가 이전에 입증한 외향적 성격과 성적 불량 사이의 상관관계에 그 실마리가 있는 것은 아닌가? 이 둘 사이의 상관관계는 성적과 지능 사이의 상관관계보다 더 밀접하다고 했었다. 어쩌면 외향적인 사람이 내향적인 사람보다 담배를 더 많이 피울지도 모른다. 문제는 논리정연하고 그럴듯하게 여러 가지 해석을 할 수 있을 때 그 중에서 자기의 취향에 알맞은 것만을 골라내어 그것만 주장해서는 안 된다는 사실이다.

하긴 많은 사람들이 그 짓을 하지만 말이다.

전후관계와 인과관계를 혼동하는 오류(역주: 시간적 발생에 따라 인과관계를 설명하려는 논리적 오류, post hoc fallacy)를 범하지 않도록, 그리고 또 사실이 아닌 여러 현상을 사실이라고 믿는 일이 없도록 하기 위해 상관관계에 관해 언급할 때는 각별한 주의를 기울여야 한다. 어떤 것이 다른 어떤 것의 원인이라는 것을 증명해 줄 것 같이 보이는 저 믿음직스럽게 정밀한 숫자인 상관관계에는 여러 가지 유형이 있다.

그 하나는 우연히 일어나는 상관관계이다. 실제로는 절대로 일어날 것 같지 않은 일이 일어날 수도 있다는 것을 증명해 주는 숫자를 이런 식으로 하면 한 번은 얻을 수 있다. 그러나 다시 한번 되풀이할 때에도 그럴 수 있다는 보장은 할 수가 없다. 충치를 획기적으로 줄일 수 있을 것 같은 치약을 제조한다는 회사처럼, 당신도 원하지 않는 결과가 나오면 기꺼이 없애 버리고 원하는 결과만을 골라 발표하면 된다. 특히 표본의 크기가 작을 때에는 당신이 생각하는 어떤 두 사건 또는 어떤 두 특성 사이의 의미 있는 상관관계를 항상 찾아낼 수가 있다.

제3의 요인과 상관관계

두 번째는 보통 공분산(co-variation, 두 변량의 편차-각 평균값으로부터의 차-들의 곱에 대한 기대값)이라고 부르는 것으로 상관관계가 있다는 것은 명백하지만 어느 것이 원인이고 어느 것이 결과인지가 분명하게 드러나지 않을 때 사용한다. 어떤 경우에는 원인과 결과가 때때로 서로 뒤바뀌는 경우도 있고, 또 양쪽이 동시에 원인이 되기도 하고 결과가 되기도 하는 경우가 있다.

소득과 주식 소유량 사이의 상관관계가 아마도 이런 종류일 것이다. 돈을 많이 벌면 주식을 더 많이 사게 되고, 주식을 더 많이 사면 다시 소득이 늘어나므로 어느 쪽이 원인이고 어느 쪽이 결과라고 간단히 결론을 내릴 수가 없다.

이 중 가장 주의를 요하는 상관관계는 어떤 변수도 다른 변수에 대하여 아무런 영향이 없지만 두 변수 사이에는 분명히 어떤 상관 관계가 존재하는 경우로 비교적 자주 발생하며 속임수나 사기행각을 벌일 때에 많이 이용되는 수법이다. 앞에서 예를 든 흡연과 성적불량 사이의 관계는 이 범주에 속한다. 또 상관관계는 성립하지만, 변수 사이에 설정된 인과관계가 순전히 억측에 의한 것이라는 사실을 전혀 언급조차 하지 않은 채로 들먹이는 의학 분야의 많은 통계 숫자들도 이 범주에 속한다. 황당하고 엉터리인 상관관계를 실제 통계적 사실인 것으로 착각하는 어떤 사람이 득의양양하게 다음과 같이 통계학을 들먹이며 말하는 장면은 상관관계 남용의 대표적인 예이다.

"메사추세츠주의 어느 장로교 목사의 수입과 하바나의 럼주의 가격 사이에는 높은 상관관계가 성립한다."

그렇다면 어느 쪽이 원인이고 어느 쪽이 결과일까? 즉 그 목사님이 럼주 무역이라도 해서 돈을 벌고 있다는 것일까? 또는 그 무역을 옹호하는 사람인가? 아무래도 좋다. 이런 발언은 너무도 어처구니가 없어 조금만 생각해 보아도 우습고 황당하다는 것을 알 수 있다.

그러나 이 경우와는 조금 다른 좀 더 미묘하고 복잡한 양상의 전후 관계와 인과관계를 혼동하는 오류는 조심해야만 한다. 목사와 럼주의 경우에는 제3의 요인, 즉 모든 물가나 가격 수준이 시간이 지나면서 전 세계적으로 상승한다는 요인의 영향을 받아 이 두 가지가 모두 상승한 것이라는 사실을 쉽게 파악할 수가 있다.

이제 결혼식을 가장 많이 하는 6월에 자살률이 최고로 증가하는 사실에 대하여 생각해보자. 자살자가 증가하니까 6월의 신부도 증가하는 것일까? 또는 6월의 결혼식이 실연 당한 남자들을 자살로 몰고 가는 것일까? 증명이 될 수는 없지만 이보다는 더 설득력 있는 또 하나의 설명이 있다. 혹시 봄이 되면 모든 것이 장밋빛 희망으로 가득 찰 것이라고 꿈꾸면서 기나긴 겨울을 꾹 참아 온 친구가 6월이 왔음에도 아무런 희망을 찾을 수 없게 되자 모든 것을 포기해 버리고 자살한 것은 아닐까 하는 것이다.

또 하나 상관관계에 관하여 경계하여야 할 점은 그 상관관계를 뒷받침하는 데이터의 범위를 넘어서까지 그 상관관계가 지속해서 성립할 것이라고 추측하는 일이다. 비가 많이 오면 올수록 곡물은 더 잘 자라고 따라서 수확량도 늘어날 것이다. 그러니 비는 신의 은총과도 같은 것이다.

그러나 너무 많은 비는 곡물에 피해를 입히고 잘못하면 농사를 망치게 할 수도 있다. 양의 상관관계가 어느 한계에 다다르면 음의 상관관계로 돌변한다. 즉 어느 일정한 양 이상의 비가 더 오면 수확량은 오히려 감소하게 된다.

음의 상관관계

    교육의 금전적인 가치에 관해서 잠시 생각해 보기로 하자. 우선 고등학교 졸업생이 중퇴생보다 소득이 더 많으며 또 대학을 1년씩 더 다닐 때마다 소득도 그에 따라 증가한다고 가정하자. 그러나 학교에 오래 다니면 다닐수록 계속해서 소득이 증가한다는 일반적인 결론에까지 이르지 않도록 주의하자. 학부를 졸업한 후에도 이 원칙이 적용된다고 증명된 것은 아니며 학부생에게도 잘 적용되지 않으니까. 박사학위 소지자도 대부분이 대학교수가 되기 때문에 고소득자 그룹에 속한다고 할 수는 없다.

    상관관계라 해서 모두 다 1대 1의 이상적인 관계라 할 수 없으며 오히려 그렇지 않은 경우가 더 많다. 키가 큰 소년은 평균적으로 키가 작은 소년보다 체중이 더 나간다. 따라서 양의 상관관계가 성립한다. 그러나 키가 180cm인 남자 중에는 키가 150cm인 남자보다 체중이 가벼운 사람도 있으니 상관관계는 1보다 적게 된다. 음의 상관관계라는 것은 어떤 변수가 증가할 때 다른 변수는 감소하는 경향을 말하며, 물리학에서는 이를 반비례 관계라고 부른다.

예를 들어 전구에서 멀리 떨어지면 떨어질수록 빛의 밝기는 줄어듦으로, 거리와 빛의 밝기는 반비례 관계에 있다. 그런데 물리학에서는 완벽한 상관관계를 가지는 경우도 많이 있다. 반면에 경영학이나 사회학 또는 의학 분야에서는 이런 이상적인 경우는 거의 일어나지 않는다.

예를 들어, 교육을 많이 받으면 일반적으로 소득이 증가하기도 하지만 그 중에는 파산하는 사람도 나올 수 있는 법이다. 유의해야 할 한 가지 사실은, 실제로 어떤 상관관계가 성립하고 있고 또 그것이 실제의 원인과 결과에 의해 뒷받침되어 있다 하더라도 이를 토대로 어떤 행동을 결정하려 할 때에는 거의 무력하다는 점이다.

대학 교육의 금전적인 가치를 나타내는 숫자가 여러 분야에서 집계되고 또 산더미 같은 팸플릿을 발간하여 이 숫자들과 이를 근거로 한 여러 설명들을 통해 미래 대학생들의 관심을 끌려고 한다. 나는 이와 같은 의도에 대하여 시비를 걸 생각은 전혀 없다. 사실 나 자신도 교육에 대해서는 대찬성이며 특히, 초등 통계학 강좌라도 있다면 더욱 그렇다. 이 숫자들은 대학에 다닌 사람이 그렇지 않은 사람들보다 소득이 높다는 것을 결정된 사실처럼 주장하고 있다. 수없이 많은 예외도 있기는 하지만 그런 경향은 꽤 강하고 분명하다.

단 한 가지 잘못된 점이 있다면 그것은 이와 같은 숫자나 사실이 엉뚱한 결론에 도달할 수도 있다는 사실이다. 그것도 전후 관계와 인과관계를 혼동하는 전형적인 오류이다. 즉 이 숫자들은 만약 당신 또는 당신의 아들이나 딸이 앞으로 4년 간 대학에 다닌다면 다니지 않는 것에 비해 더 많은 수입을 얻을 수 있다고 주장한다. 이 부당한 결론은 일반적으로 대학교육을 받은 사람의 소득이 높은데 그 이유는 그들이 대학에 입학했었기 때문이라는 똑같이 부당한 가정을 근거로 얻어진 것이다. 확실하게는 알 수 없지만, 이 친구들은 설사 대학에 안 갔더라도 높은 소득을 올릴 수 있는 사람들이었을지도 모른다.

실제로 그럴 수도 있으리라는 것을 강하게 입증해 주는 몇 가지 예가 있다. 대학에는 두 종류의 학생이 들어오는데 그 수는 제각기 다르지만 하나는 머리가 좋은 학생이고 또 하나는 집안이 부자인 학생이다. 머리가 좋은 학생은 대학에 다니지 않아도 높은 소득을 얻을 능력이 있는 것 같다. 한편 집안이 부자인 학생의 경우에는 돈이 돈을 낳는 세상이니, 대학에 가건 안 가건 부잣집 집안의 아들들은 저소득층에 속하지는 않을 것이다.

여대생은 결혼을 안 한다?

　　다음 글은 〈디스 위크〉지의 발행 부수가 가장 많은 일요판 신문 부록에 실린 문답식 기사에서 발췌한 기사이다. 이 기사를 쓴 기자가 전에 "여론 – 참인가, 거짓인가?"의 필자라는 사실을 상기한다면 당신도 나와 마찬가지로 이 글을 흥미 있게 읽을 수 있을 것이다.

　문 : 대학에 다니는 것이 일생을 독신으로 지내는 데 대해 어떤 영향을 미친다고 생각합니까?

　답 : 여자라면 노처녀가 될 가능성이 높죠. 그러나 남성의 경우에는 그 반대, 즉 독신으로 지낼 확률이 낮아집니다. 코넬대학에서 1,500명의 전형적인 중년남자 중 대학졸업생들을 조사한 바에 의하면 그 중 93%가 결혼을 했

죠.(일반 남성의 경우 에는 83%라는 사실과 비교하라.) 그러나 대학을 졸업한 중년여성의 경우에는 65%밖에 결혼하지 않았습니다. 즉 여자대학 졸업생의 미혼자 수는 일반 여성의 경우보다 3배나 많았습니다.

열일곱 살의 소녀가 위의 〈디스 위크〉지의 기사를 읽었다면, 대학에 입학하면 결혼하기가 힘들어질 것이라는 편견을 가지게 될 것이다. 사실 이 기사는 그렇게 말하고 있으며 또 훌륭한 출전을 밝혀 놓은 통계 숫자까지 곁들여 놓았기 때문이다.

그러나 통계 숫자가 나열되어 있다고 해서 이 통계 숫자가 그 사실을 보장하는 것은 아니다. 게다가 이 통계는 코넬대학에서 조사한 것이었지만, 기사의 결론은 그렇지 않다는 데 주의할 필요가 있다. 당신의 성격이 성급해서 그 기사를 그대로 믿어버리는 것은 어쩔 수 없지만 말이다.

여기서도 실제 상관관계를 들이밀며 증명되어 있지도 않은 인과관계를 뒷받침하는 데 이용하고 있다. 그러나 이 결론은 그 역도 성립할 수 있다. 이들 노처녀들은 설사 대학엘 안 다녔더라도 결혼하지 않았을지 모른다. 이보다 더 많은 수의 여성이 결혼을 하지 않았을지도 모른다. 비록 그럴 가능성이 기자의 주장보다 더 정확하지는 않다 하더라도 어쩌면 타당한 결론일 수도 있다. 즉 가능한 추측인 것이다.

사실 일생을 독신으로 보내려는 성향 때문에 대학에 가게 되었으리라고 생각되는 증거가 있기는 하다. 킨제이 박사는 성욕과 교육 사이에 어떤 상관관계가 있다는 것을 발견했는데 이러한 경향은 아마 대학에 들어갈 나이가 되기 전에 이미 고정화되지 않았나 생각된다는 것이었다. 이것이 사실이라면 대학 입학이 결혼에 방해가 된다는 결론은 상당히 의심스러운 것이 될 수밖에 없다.

　열일곱 살 소녀에게 이 사실을 알려 주자. 이제는 결혼에 대해서 걱정할 필요가 없다고.

우유가 암의 발병 원인?

일전에 어떤 의학잡지에 우유를 많이 마시면 암에 걸리기 쉽다는 경고기사가 실린 일이 있었다. 즉 뉴잉글랜드주, 미네소타주, 위스콘신주와 스위스처럼 우유를 많이 생산하고 소비하는 곳에서는 암이 놀랄 만큼 빈번하게 발생하는 데 비해서 우유를 거의 마시지 않는 스리랑카에서는 암이 거의 발생하지 않는다는 것이 이 기사의 핵심이었던 것 같다.

이에 덧붙여 우유 소비량이 적은 미국 남부의 여러 주에서는 암 발생률이 현저히 적었으며 또 우유를 많이 마시는 영국 부인의 암 발생률은 우유를 거의 마시지 않는 일본 부인들보다 18배나 더 높다고 적혀 있었다.

조금만 깊이 들여다보면 이런 숫자들이 무엇을 뜻하는지 여러가지 설명을 할 수 있겠지만 그 중 한 가지 예만 들어도 충분할 것이다. 암이란 대체로 중년 이후가 되면 걸리기 쉬운 병이다. 그런데 처음 예를 든 스위스나 미국의 여러 주의 주민들은 모두가 비교적 수명이 긴 사람들이다. 또 조사 당시 영국 부인들의 평균 수명은 일본 부인들보다 12년이나 더 길었다.

헬렌 워커[Helen M. Walker] 교수는 두 변인[變人]이 같이 변화할 때, 이 두 변수 사이에는 반드시 인과관계가 있어야 한다고 생각하는 것이 얼마나 어리석은지를 보여 주기 위해 재미있는 예를 들어 설명하고 있다.

예를 들어, 여성의 연령과 신체적 특징 사이의 관계를 조사하기 위해 걸음걸이에 있어 양쪽 발자국 사이의 각도를 재보기 시작한다. 조사 결과 나이가 많은 부인일수록 그 각도가 커지는 경향이 있다는 것을 알게 된다. 그래서 우선 팔자걸음을 하게 되니까 나이가 많아지는 것은 아닐까 하는 생각을 해 보았지만, 말도 안 되는 것 같은 느낌이 들었다. 결국 나이가 많아지니까 양쪽 발 사이의 각도가 벌어져 팔자걸음을 하게 된다는 결론에 도달하게 된다.

이 같은 결론은 그 어떤 것이든 틀림없이 잘못된 것 같아 보이며 또 인정하기도 힘든 것들이다. 올바른 결론을 내리기 위해서는 한 여성(또는 비슷한 나이의 여성들의 그룹)을 일정기간에 걸쳐 조사해야만 한다. 그래야만 비로소 오류 요인을 제거할 수 있을 것이다. 그 오류 요인은 현재의 나이든 여성들이 젊었을 때 팔자걸음으로 걸으라고 교육받은 데에 비해 현재의 젊은 여성들은 팔자걸음을 걸으면 안 된다고 배워왔던 사실이다.

뉴 헤브리디즈 섬의 건강 척도

누군가가 (보통은 이해관계가 얽혀 있는 집단이지만) 상관관계가 있다고 야단법석을 떨면 무엇보다도 먼저 그 상관관계가 앞에서 들었던 예에서와 같이 사건의 경과나 시대적인 경향에 의해서 생겨난 종류의 것이 아닌가를 조사할 필요가 있다. 오늘날에는 다음 현상들 중에서 그 어느 것들을 택하더라도 둘 사이에 양의 상관관계가 있음을 쉽게 보여줄 수가 있다. 그 현상들이란 대학생 수, 정신병원의 환자 수, 담배 소비량, 심장병 환자 수, X-선 기기의 수, 의치의 생산량, 캘리포니아주의 교사 급료, 네바다주의 도박장 수익 등이다. 그렇다고 해서 이 중의 어느 하나가 다른 것의 원인이라고 생각하는 것은 어리석은 일이다. 그런데도 불구하고 매일 그런 일이 벌어지고 있다.

애매모호한 통계적 처리를 받아들이거나 숫자나 소수점의 최면 효과를 이용해서 엉터리 인과관계로 꾸며내는 행위는 미신 숭배와 다르지 않다. 이는 때때로 미신보다도 더 심각한 오류를 낳기도 한다. 그것은 예를 들어 뉴 헤브리디즈^{New Hebrides-}남태평양에 위치 섬 주민들이 자신들의 몸에 기생해 사는 이가 건강을 가져다 준다는 믿음과 하나도 다르지 않다.

지난 수백 년 동안의 오랜 관찰 결과, 그들은 건강한 사람에게는 이가 많지만 아픈 사람에게는 종종 나타나지 않는다는 것을 알게 되었다. 오랜 세월에 걸쳐 이루어진 관찰들은 때때로 놀랄 만큼 정확한 것들이 많으며 사실 이 관찰 자체도 매우 정확하고 타당한 것이다. 그러나 뉴 헤브리디즈 섬의 원주민들이 이끌어 낸 결론, 즉 이는 건강에 좋으니 몸에 이를 많이 지녀야 한다는 결론에는 동의할 수가 없다.

이미 지적한 바와 같이 이보다도 더 빈약한 증거를 토대로 통계 처리를 하여 상식적으로도 이해가 가지 않는 여러 결론들이 의학상식이라든가 또는 의학 전문지를 포함한 여러 잡지의 기사에 사용되고 있다. 뉴 헤브리디즈 섬의 경우에는 좀 더 주의 깊은 관찰자가 이 오류를 바로 잡을 수 있었다.

밝혀진 바대로 주민 대부분은 항상 이가 있었으며, 이는 극히 정상적인 것이었다. 그런데 열병(이 병의 원인이 바로 이 때문이라는 것은 거의 확실하다.)에 걸려 체온이 올라가면 이의 생육에 좋지 않은 조건이 되어 환자 몸을 떠나게 된다. 결국 원인과 결과가 뒤죽박죽 뒤엉켜 왜곡되어 혼돈상태가 되고 만 것이다.

PART 9

통계를
조작하는 법

조작되는 통계

통계자료를 사용하여 사람들에게 잘못된 정보를 제공하는 것을 통계 조작이라 한다.

이 책의 제목이나 이 책 안에 들어 있는 몇몇 내용을 보면 그와 같은 조작은 사람을 속이기 위해서 작위적으로 이루어지는 것 같이 보인다. 그런데 얼마 전 미국통계학협회(AMERICAN STATISTICAL ASSOCIATION)의 어느 지부장이 필자에게 항의를 한 적이 있었다.

통계 조작의 대부분은 사람을 속이기 위한 사기꾼의 심보에서 비롯된 것이 아니라 무능 때문이라는 것이 그의 주장이었다. 그의 항의에도 어느 정도 일리가 있다. 다음과 같은 가정이 통계학자들에게 조금이나마 위안이 될 수 있을지는 확신할 수 없지만, 내 생각에는 통계자료의 왜곡과 조작이 언제나 전문 통계학자들의 손으로 이루어지는 것은 아니라고 생각한다. 통계학자의 책상 위에서 도출되는 순진한 숫자들이 영업 사원이나 광고 전문가, 언론의 기자들 또는 카피라이터들에 의해서 왜곡되고, 과장되고, 극단적으로 생략되며 임의로 선택되기 때문이다.

 루이스 브롬필드Louis Bromfield라는 신문 칼럼니스트는 자신의 기사에 대하여 수많은 독자가 비판적인 편지를 보내오자 상투적인 답장을 보내곤 하였다. 이 답장에는 아무것도 양보한 어구가 없지만 그렇다고 독자들이 다시 항의 편지를 보내고 싶은 마음이 날 정도로 독자들의 기분을 상하게 하지는 않았다. 그러면 무엇이 그들을 만족시켰을까? 그 열쇠가 된 어구는 "당신의 주장에도 일리가 있습니다."라는 것이었다.
 이 이야기는 어느 목사님 이야기도 떠올리게 한다. 갓난아기들의 유아 세례를 받으러 오는 여러 어머니들에게 아부 섞인 농담을 곧잘 건넴으로써 교인 사이에서 대단한 인기를 끌었던 어느 목사님의 이야기다.
 어느 날 어머니들이 모여 목사님의 이야기를 하게 되었는데, 목사님이 무슨 말을 했는지 거의 기억이 나지 않았다. 단한 가지 그 목사님이 무엇인가 '듣기 좋은 것'을 이야기하였다는 데는 의견이 일치했다. 이 목사님이 언제나 상투적으로 건네는 이야기란 바로 "이 훌륭한 아기가 바로 댁의 아기였구려!"라는 것이었다.

그러나 누가 잘못을 저질렀건 간에, 무지가 그 면죄부 구실을 할 수는 없을 것이다. 신문이나 잡지에 자주 실리는 잘못된 도표는 사물을 과장되게 표현하여 센세이션을 일으킨 경우는 많아도 이를 축소하는 경우는 거의 보기 드물다.

내 경험에 비추어 볼 때, 산업계를 위해 그 산업의 장래를 통계적으로 예측하는 사람들은 노동자나 고객에게 실제보다 밝게 발표하는 일은 거의 없고 오히려 실제보다 어두운 예측을 할 때가 많다. 노동자 측 역시 그들의 주장과 입지를 약화시켜 주는 무능한 통계학자를 고용할 리가 없지 않은가?

통계의 잘못이 항상 어느 한 편에 치우쳐 나타난다면 그 원인을 사소한 실수나 사고의 탓으로만 돌릴 수는 없을 것이다.

색칠한 지도

통계적 데이터를 가장 교활하게 잘못 나타내는 방법 중의 하나로 지도를 이용하는 방법이 있다. 지도는 사실을 감추어 둔 채 여러 관계들을 일그러지게 만들어 줄 수 있는 변량들이 담겨 있는 주머니처럼 소개된다. 이 방법 중에서도 저자가 가장 즐겨 예로 드는 것으로 색칠한 지도를 쓰는 방법이 있다. 이 지도는 얼마 전 보스턴 제일국민은행(First National Bank of Boston) 이 배포하여, 여러 납세자 단체, 신문, 〈뉴스위크〉지 등이 즐겨 인용하고 있는 것이다.

이 지도에는 현재 국민소득 중 얼마를 연방정부가 회수하고 지출하는지가 나타나 있다. 이 지도에는 미시시피강 서쪽에 위치한 주-단, 루이지애나주, 아칸소주 및 미주리주의 일부는 제외-에 어두운 색깔을 칠하여 정부 지출액이 이들 주의 총 소득과 맞먹는다는 것을 나타내고 있다.

서부를 색칠한 지도

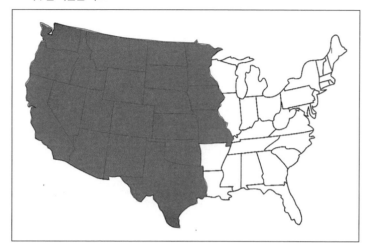

동부를 색칠한 지도

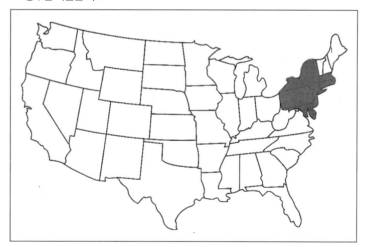

이 지도에서의 속임수는 정부의 지출액을 표시하는 지역으로는 면적은 넓지만 인구밀도가 적기 때문에 상대적으로는 총소득이 낮은 주를 골랐다는 점에 있다. 이 지도를 만든 사람도 처음에는 정직하게 또는 같은 비중으로 부정직하게 뉴욕주나 뉴잉글랜드 지방을 어두운 색으로 칠하기 시작했겠지만 그 넓이가 너무도 작아 강한 인상을 줄 수 있을 정도로 자극적이 아님을 알아차렸던 것 같다. 동일한 자료를 사용하더라도 이 방법으로는 지도를 보는 사람에게 틀림없이 전혀 다른 인상을 주었을 것이다. 그러나 그러한 지도였을 망정 이를 배포하기 싫어하는 사람은 없었을 것이다. 왜냐하면 내가 알기에는 공공지출을 실제보다도 적게 나타내고 싶어 하는 단체가 있다는 말은 들은 일이 없기 때문이다.

만약 이 지도의 제작 목적이 통계적 사실을 있는 그대로 전달하는 것이었더라면 쉽게 만들었을 것이다. 즉 주의 총 넓이와 나라 전체 넓이의 비가 이들 주의 총 소득과 나라 전체의 국민소득의 비와 비슷한 주를 선택하였을 것이다.

색칠한 지도가 사람들을 오판시키는 것으로 악명이 높은 이유는 그것이 선전에 써먹는 속임수로는 새로운 수법이 아니라는 데 있다. 이미 오래 전부터 이 방법은 고전적이고 케케묵은 수법인 것이다.

이 은행은 오래 전에도 1929년도와 1937년도 연방정부의 지출을 보여 주기 위해 이런 종류의 지도들을 발표한 적이 있었는데, 악성 지도의 실례로 윌라드 코프 브린톤^{Willard Cope Brinton}이 지은 '그래프 표시법^(Graphic Presentation)' 교과서에까지 실려 있을 정도이다.

이 책에서 저자 브린톤은 이를 '사실을 왜곡시키는' 지도라고 단언했다.

그럼에도 불구하고 이 은행은 계속해서 이런 종류의 지도를 제작하고 있고, 또 〈뉴스위크〉지를 비롯하여 이런 사실을 잘 알고 있어야 할, 그리고 어쩌면 실제로 잘 알고 있는 사람들까지도 계속해서 아무런 경고나 변명도 없이 이 지도를 복사해 사용하고 있다.

적절치 않은 평균값 규정

미국 한 가정의 연간 평균소득은 얼마나 될까? 앞서도 언급한 바와 같이 1949년도의 통계청의 발표에 따르면 한 가정의 연간 평균소득은 3,100달러였다. 그런데 러셀 세이지 재단 (Russell Sage Foundation, 역주: 1907년 러셀 세이지가 미합중국의 사회적 생활조건의 개선을 촉진시킬 목적으로 설립한 재단)이 자선기부금에 관하여 신문에 발표한 기사를 읽어 보면 같은 해의 연간 평균소득은 놀랍게도 5,004달러나 된다는 것을 알 수 있다. 이런 말을 들으면 아마도 사람들의 생활이 유복해진 줄 알고 기뻐할지도 모른다.

그러나 또 한편으로는 우리가 실제로 접하는 사실과 너무 큰 차이가 나는 숫자라는 사실에 충격을 받을 수도 있겠다. 어쩌면 우리는 그리 잘 살지 못하는 사람들만 알고 있는 것인가?

그런데 도대체 어떻게 하여 러셀 세이지 재단의 숫자와 통계청의 숫자 사이에 이렇게 큰 차이가 생겼을까? 당연한 이야기지만 통계청의 숫자는 중앙값이었던 것이다.

그러나 설사 러셀 세이지 재단이 산술평균값을 사용했다 하더라도 둘 사이의 차이가 이렇게 클리는 없다. 결국 밝혀졌지만, 러셀 세이지 재단은 위장가족이라고 밖에는 생각할 수 없는 것을 만들어 부유층 소득을 꾸며낸 것이다. 그들은 다음과 같이 설명(설명해 달라는 요청에 의해서)하였다.

미국 국민 개개인의 소득 총합계를 1억 4,900만 명의 미국 인구로 나누어서 1인당 1,251달러라는 평균값을 얻고 따라서 4인 가족의 소득은 5,004달러라는 결론을 내렸다.

이 괴상한 통계 조작에는 두 가지 사실이 과장되어 있다. 우선 평균값으로 보다 작은 값이지만 더 많은 정보를 얻을 수 있는 중앙값을 사용하지 않고 산술평균값을 사용하였다는 점이다. 이 두 평균값에 대해서는 이미 제2장에서 설명하였다. 그리고 다음에는 한 가정의 소득이 가족 수에 비례한다는 가정이다. 내게는 네 명의 아이가 있는데, 정말 네 아이 모두 수입이 있었다면 더할 나위 없이 좋겠지만 실제로는 그렇지 못하다. 4인 가족의 소득이 2인 가족의 소득의 2배가 되는 것은 쉽지 않다.

러셀 세이지 재단의 통계학자들을 좋게 생각하자면 그들도 처음부터 속일 생각은 아니었을 것이고, 그들의 원래 관심은

소득 자체가 아니라 자선기부의 현황을 밝히는 데 있었을 것
이라고 생각한다. 따라서 한 가정의 소득에 관한 이 괴상한 숫
자는 그 부산물에 지나지 않았던 것이다.

그러나 어쨌든 이 숫자도 효과적으로 거짓 내용을 퍼뜨리
는 데 일조한 것은 사실이며, 따라서 이 사례는 적절하지 못한
평균값의 규정이 얼마나 신뢰하기가 힘든지를 보여 주는 좋은
본보기이다.

쓸데없이 정확한 숫자로 그럴듯해 보이는 방법

쓸데없이 정확한 숫자를 나열해 그럴듯하게 보이는 느낌만을 주는 숫자들은 신뢰할 수 없는 통계 숫자로 이어지는데, 그 대표적인 예로 소수가 있다.

예를 들어 100명에게 어젯밤 몇 시간씩 잠을 잤느냐고 물어보아 그 결과 합계 783.1시간이 되었다고 하자. 사실 이런 데이터는 처음부터 정확하다고 할 수 없는 성질의 것이다. 왜냐하면 대부분의 사람들이 추측한 수면시간에는 15분 정도의 오차는 반드시 있을 것이고 또 이런 차이들이 서로 상쇄되리라는 보장도 없기 때문이다. 그들 중에는 불과 5분정도 잠을 못이루고 뒤척이는 것을 마치 하룻밤의 절반이나 잠을 못이룬 것처럼 느끼는 사람도 있기 때문이다.

그러나 어쨌든 그건 그렇다 치고, 산술평균을 구하여 한 사람당 하루 평균 7.831시간 수면을 취한 것으로 발표를 하자.

이 숫자를 보고 우리는 이것이 무엇인가 의미 있는 것을 던져
주는 것 같은 착각을 하기 마련이다. 만약 이 결과를 보고 사
람들의 하룻밤 평균 수면시간이 7.8시간(또는 약 8시간)이라고
어림잡아 생각했다면 정말 무미건조한 일이 될 것이다. 그 근
사치는 너무나 조잡할 뿐만 아니라 누구나 다 아는 수면시간
과 별 다른 차이가 없기 때문에 굳이 이런 조사를 해야 할 필
요도 없기 때문이다.

시골 아낙네의 노동과 휴식의 변화

쓸데없이 정확한 숫자를 나열해 그럴 듯 하게 보이는 느낌
을 주게 하는 데 있어서는 칼 마르크스Karl Marx도 뒤지지는 않
았다. 방적공장에서의 잉여가치율을 계산하는 데 있어서 마르

크스는 놀라울 정도의 많은 가정과 추측 그리고 어림수를 써서 계산을 시작하고 있다.

"쓰레기는 6%라 가정한다. …… 원료비는 어림잡아 약 342파운드라 한다. 1만 개의 방추는 한 개의 원가가 1파운드라 가정하고……. 그 감가상각율은 10%라 하자. …… 공장건물의 임대료는 300파운드라 추정한다. ……"와 같은 식으로 나아간다.

그리고 마르크스는 "이상의 신뢰할 만한 데이터를 맨체스터의 어느 방적공장 주인으로부터 입수했다"고 기록하였다.

마르크스는 이 근사값에서 "…… 따라서 잉여가치율은 80/52 = 153.8%이다"라고 계산을 한다. 그러므로 하루 열 시간의 노동을 하는 경우에 "필요 노동시간은 331/33(3.94)시간, 잉여 노동시간은 62/33(6.06)시간"이 된다는 것이다.

이 6.06시간의 소수 자리인 0.06시간이란 숫자는 꽤 정확한 느낌을 주고 있지만 사실은 야바위꾼의 속임수와 같은 것이다.

백분율로 속이기

백분율도 여러 혼란을 가져올 수 있다. 소수를 사용하면 정확하다는 인상을 주는 것처럼 백분율도 정확함이라는 향기를 뿌려 부정확함이라는 악취를 감춘다. 언젠가 미합중국노동성의 〈노동일보^{Monthly Labor Review}〉의 발표에 따르면 어느 달 워싱턴시에서 통근수당이 붙는 급료를 받는 임시 가정부 중에서 4.9%가 주당 18달러의 임금을 받았다고 한다. 그런데 알고 보았더니 이 백분율은 41명의 가정부 중 단 두 명의 경우에 불과했다. 이처럼 몇 개 안 되는 자료를 토대로 해서 계산된 백분율은 사람들에게 왜곡된 정보를 주기에 충분하다.

이런 경우에는 백분율로 나타내기보다는 원래의 숫자를 그대로 발표하는 쪽이 더 유익하다. 이 경우 백분율을 소수점 이하까지 계산하는 것은 멍청하다 못해 사기라 할 수 있다.

'지금 당장 크리스마스 선물을 사면 100% 절약을 할 수 있

습니다.'

이런 광고를 보면 마치 산타클로스 할아버지가 그냥 선물 주는 것 같은 착각이 들겠지만 자세히 알고 보면 단지 기준이 되는 숫자를 혼동시키고 있다. 실제 할인율은 50%에 불과하다. 할인의 기준이 되는 값은 할인 후 매겨진 가격, 즉 새로 매겨진 가격에 대해서 100%라는 것이며 광고에 쓰여 있는 것처럼 원래 가격에 대하여 100% 할인된 가격은 절대 아니다.

같은 이야기이지만, 화초 재배업자 협회장이 언젠가 신문 인터뷰에서 "4개월 전에 비해 화초 값은 100%나 싸졌습니다" 라고 말했는데, 협회장 말대로라면 꽃장수들이 꽃을 거저 나누어 주는 것이지만 협회장의 의도는 그런 뜻이 아니었을 것이다.

아이다 터벨Ida M. Tarbell 여사는 이에 멈추지 않고 자신의 책 〈스탠더드 석유회사의 역사History of the Standard Oil Company〉에서 한 술 더 뜨고 있다. "남서부에서의 석유 가격의 인하는 …… 14%에서 220%까지에 이르고 있다"고 기록했던 것이다.

그녀의 말을 액면 그대로 해석한다면, 석유회사는 구매자에게 기름을 넘겨줄 때에 기름값을 받기는커녕 상당한 액수의 돈을 더 얹어 주어야 할 판이다.

〈콜럼버스 디스패치Columbus Dispatch〉지는 어느 회사의 제품이 3,800%의 폭리를 취하면서 판매되고 있다고 폭로한 일이 있는데, 원가가 1.75달러인 제품을 40달러에 판매하고 있다는 것이었다.

이익률을 계산하는 데는 여러 가지 방법이 있다. 어느 방법을 썼는가는 반드시 밝혀 놓아야만 한다. 위의 경우 원가에 대한 이익률을 계산하면 2,815%가 되고, 판매가격에 대한 이익률로 계산한다면 95.6%이다. 그러니 〈콜럼버스 디스패치〉지는 자신들만의 독특한 방법을 사용하여 이와 같은 터무니없는 숫자($(40-1.75) \times 100\% = 3,825\%$)를 얻게 된 것이다.

기준이 무엇인가

〈뉴욕 타임스New York Times〉지까지 그 기준이 무엇인지 검증도 하지 않은 채 인디애나폴리스 발 AP통신 기사를 그대로 게재한 일이 있었다.

"현재 이곳의 불황은 매우 심각한 상태이다. 인디애나폴리스의 건설노동조합에 가입되어 있는 미장이, 목수, 도장공 등의 임금은 5% 인상되었지만 이는 작년 겨울에 실시된 20%의 임금 인하분의 4분의 1에 불과하다."

얼핏 듣기에 그럴듯해 보인다. 그러나 이 인하율은 임금이 인하 되기 전의 임금, 즉 노동자가 처음에 받고 있었던 임금을 토대로 해서 계산된 데 비해서 인상률은 더 낮은 임금, 즉 인하된 임금을 토대로 해서 계산된 것이었다.

이 잘못된 통계 숫자를 검증하기 위해 일단 원래의 임금을 시간당 1달러라고 단순하게 가정하면 임금을 20% 인하할 때

80센트가 된다. 80센트의 5%는 4센트이니 이는 인하된 임금 20센트의 1/4이 아니고 1/5이다. 본래 악의가 있어 그런 것은 아니면서도 수없이 저질러지는 이와 같은 잘못은 결과적으로 이야기를 자신들의 입장을 유리하게 이끌어가기 위한 하나의 과장이 되어 버린다.

이 예에서 알 수 있듯이 50%의 임금인하를 상쇄하려면 100%의 임금인상이 필요하다.

〈타임스The times〉지도 어느 한 회계년도 사이에 "화재로 인한 항공우편의 손실은 4,863파운드로 전체의 0.00063%였다." 라는 기사를 실은 일이 있었다. 이 기사에 의하면, 1년 간 비행기로 운반된 우편 양은 7,715,741파운드였다고 한다. 만약 보험회사가 이런 계산법으로 보험료를 산출했더라면 큰일이 났을 것이다. 실제 손실된 양은 0.063%가 되어 〈타임스〉지가 보도한 숫자의 100배나 되기 때문이다.

할인율을 더하는 속임수도 동일하지 않은 기준을 동일한 것처럼 꾸미는 수법이다. 어느 철물상이 '50%+20%의 할인'이라는 광고를 내걸었지만, 이것이 합계 70%의 할인을 뜻하는 것은 아니다. 이 20%의 할인은 50% 할인을 하고 난 나머지의 20%를 뜻하니까 실제 총 할인율은 60%이다.

그럴 듯 하게 보이는 얼렁수나 속임수 중에는 덧셈이 불가능한 것을 그냥 더해버리는 오류에서 비롯된 것들이 있다. 옛날부터 초등학교 어린이들이 잘 쓰고 있는 이와 같은 오류 중 하나로 학교에 등교할 날짜가 하루도 없음을 증명하는 다음과 같은 속임수이다.

우선 1년 365일로부터 잠자는 시간인 1/3에 해당하는 122일을 뺀다. 매일 식사를 하는데 3시간은 걸리므로 1년 동안의 식사시간의 총 합계 45일을 빼면 198일이 남는다. 여기서 여름방학 40일과 겨울방학의 75일의 합계인 115일을 빼고 나면 83일이 남는다. 그런데 이것으로는 일요일과 토요일 모두를 채우기도 힘들다.

성실한 기업이 사용하기에는 너무나도 구태의연하고 또 속이 빤히 들여다보이는 속임수가 있다. 그런데도 미국자동차노동조합이 자신들의 월간지인 〈앰뮤니션〉지에 이런 수법을 사용하고 있었다.

파업이 진행되는 동안 우울하고 불쾌한 거짓말이 터져 나온다.

파업이 일어날 때마다 상공회의소는 파업 때문에 하루에 수백만 달러의 손실을 가져온다고 선전을 해댄다.

그들은 노동자가 파업에 참가하지 않고 정상 근무를 하여 제작하는 자동차의 총 대수를 토대로 이를 계산한 것이다. 게다가 자동차 부품 공급자가 입은 손실을 더할 뿐만 아니라 자동차가 없기 때문에 지출해야 하는 교통 요금과 영업상들이 입은 손실 등등 생각할 수 있는 모든 것을 덧붙여 계산한다.

백분율 더하기

　백분율이란 것을 마치 사과를 세듯이 제멋대로 더할 수 있는 것처럼 생각하는 오류 때문에 저자들이 피해를 입는 경우가 있다. 〈뉴욕 타임스 서평^{New York Times Book Review}〉에 나온 다음의 글이 얼마나 그럴듯한지 보자.

　"책값은 인상되지만 저자의 수입은 그대로인 것은 책 제작비와 원료비의 상승 때문인 것 같다. 그 내역은 다음과 같다. 어느 출판사의 경우 시설비와 생산비만도 과거 10년 간 10~12% 정도 상승했고, 원료비는 6~9%, 판매 및 광고비용은 10%나 올랐다. 이들의 합은 최저가 33%이고, 이보다 소규모의 출판사에서는 40% 가까이나 상승하였다."

　책의 출판 비용 각각이 모두 10%씩 상승한다면 실제 총 비용도 같은 비율만큼 상승하게 된다. 만약 동시에 상승하는 모든 백분율을 합쳐도 된다면 얼마든지 생각되는 대로 인상률을 만들어낼 수 있다.

예를 들어 오늘 구입한 스무 가지 물건이 모두 작년에 비해서 제각기 5%씩 올랐다면 그 합은 100%가 되어 생활비는 작년에 비해 2배나 오른 셈이다. 정말 터무니없는 이야기이다.

이것은 토끼고기 햄버거를 어떻게 그렇게 싸게 팔 수 있느냐는 질문을 받은 어느 노점상의 다음 답변과도 비슷하다.

"글쎄요. 말고기를 약간 섞었기 때문이죠. 뭐 섞더라도 정확히 1대 1의 비율입니다. 말 한 마리에 토끼 한 마리의 비율이거든요."

어느 노동조합에서 발간한 책자에는 합해서는 안 될 것들을 마구잡이로 더한 잘못된 계산법을 풍자한 만화가 실린 일이 있었다. 어떤 사장이 시간당 평균급여가 2.25달러라는 것을 계산하기 위해 통상근무 시간급 1.50달러에다 초과근무 시간급 2.25달러 및 특별 초과근무 시간급 3.00달러를 합하고 있는 것을 그린 만화였다. 이처럼 아무 의미도 없는 평균값을 계산하는 예를 찾아 보는 것은 그리 어렵지 않다.

백분율, 백분율점, 백분위수

또 하나 속기 쉬운 것은 백분율과 백분율점을 혼동하는 데서 오는 착각이다. 예컨대 어떤 회사의 투자액에 대한 순이익이 1년 사이에 3%에서 6%로 인상되었다면 이윤이 3%(3% 점, 백분율점 percentage point)만큼 증가하였다고 말하는 것은 그런대로 들어줄 만하다. 그러나 똑같은 이 내용을 100%(percentage, 백분율) 증가라 표현할 수도 있다. 이처럼 백분율과 백분율점이라는 혼동하기 쉬운 두 수를 다룰 때, 특히 그것이 여론조사인 경우에는 세심한 주의가 필요하다.

백분위수(percentile)도 사람을 속이기 쉽다. 예컨대 존의 수학 성적이 학급에서 몇 번째쯤 되는가를 알아보기 위해서 백분위수로 나타낸다. 백분위수란 한 학급의 학생 수를 100명으로 환산했을 때 몇 번째인가를 뜻한다. 예컨대 300명이 있는 학년에서 위로부터 성적이 좋은 세 명이란 것은 백분위수로는 99 퍼센타일이 되며 그 다음 번 세 사람은 98퍼센타일이 된다. 백분위수를 다룰 때 나타나는 이상한 사실의 하나는 백분위수가 99인 학생은 틀림없이 90인 학생보다는 훨씬 우수하지만, 백분위수가 60인 학생들은 40인 학생들과 별 차이가 없다는 사실이다. 이는 세상의 이치가 대부분 평균값 부근에 모이게 되며 그 분포는 앞서 말한 바와 같은 정상분포가 되기 때문이다.

인플레이션의 원인

　때로는 통계학자 사이에 논쟁이 벌어지면서 통계에 문외한인 사람들마저도 어떤 속임수가 진행되는지 곧 알아차리게 되는 수가 있다. 따라서 통계 전문가들이 불화를 일으켰을 때야말로 정직한 일반대중이 그 속임수를 알아차릴 수 있는 좋은 기회이다.

　철강산업을 담당하는 행정기관에서 철강회사와 노조의 양측이 서로를 속이는 데만 열중하고 있는 실정을 지적한 적이 있다. 노조 측은 1948년이 얼마나 호경기였는가를 보이기 위해 (즉 회사 측이 임금인상을 할 수 있는 충분한 여유가 있다는 것을 보여주는 증거로써) 그해의 생산 실적을 생산 실적이 특별히 낮았던 1939년의 생산 실적과 비교하였다. 한편 회사 측은 회사 측대로 이 속임수 경쟁에서 처지지 않으려는 듯이 평균시간급보다는 종업원에게 지불한 총액을 비교하자고 주장하였다. 그 전

해에는 파트타임으로 근무하는 노동자가 많았기 때문에 임금 인상이 없더라도 1948년의 노동자의 총 수입은 올라가게 되기 때문이다.

〈타임〉지에 게재된 그래프는 항상 신뢰할 수 있는 것으로 정평이 나 있다. 원하기만 한다면 통계라는 마술 보따리 속에서 무엇이든지 끄집어낼 수 있다는 것을 보여 주는 좋은 본보기가 있는데 그중에서 재미있는 그래프가 있다. 이 주간지에 게재된 그래프는 두 개로, 그 중 하나는 경영자 측에 유리하도록, 다른 하나는 노동자측에 유리하도록 되어 있었다. 〈타임〉지에 실린 그래프는 두 그래프를 서로 겹쳐서 만든 것으로서 두 그래프는 모두가 동일한 데이터를 근거로 제작되었다.

한 그래프에는 1억 달러 단위의 눈금으로 임금과 이윤이 표시되어 있었다. 이 두 변량은 모두 대략 비슷한 정도의 상승을 보여 주고 있었다. 그러나 임금은 이윤의 약 6배 정도로 되어 있으며, 따라서 인플레이션의 압박은 임금에서 기인하는 것처럼 보인다.

큰 그래프 안쪽에 끼워 넣은 또 하나의 조그마한 그래프에는 임금과 이윤의 변화를 백분율로 나타내고 있었다. 임금을 나타내는 선은 비교적 평탄한데 비해서 이윤을 나타내는 선은 급상승하고 있다. 따라서 이 그래프에 따르면 인플레이션의 주범은 이윤인 것처럼 보인다.

어느 쪽 결론을 택하든 그것은 당신의 자유이다. 그러나 여러분은 아마도 임금과 이윤의 그 어느 쪽도 한쪽만이 인플레이션의 원인이 될 수는 없다는 것을 알아차렸을 것이다. 때로는 이와 같이 논쟁의 핵심이 그래프로 표현된 것처럼 간단하지 않다는 것을 지적하는 것만으로도 상당한 도움이 될 때도 있다.

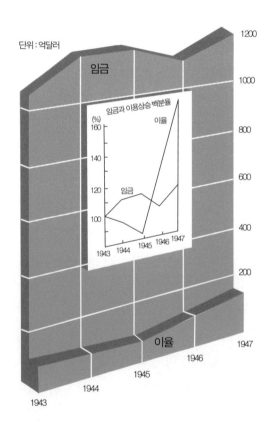

물가지수

오늘날 물가지수는 임금인상률과 밀접한 관계를 맺게 되므로 모든 사람들에게 매우 중요한 숫자이다. 그런데 그 물가지수란 것을 필요에 따라 얼마든지 늘렸다 줄였다 할 수 있음을 이참에 지적해야겠다.

가장 간단하면서 신뢰할 만한 예를 하나 들어보자.

예컨대 작년에는 우유 한 병에 50원, 빵 하나에 20원 하던 것이 금년에는 우유가 25원으로 내렸고, 빵은 40원으로 올랐다 하자. 이를 근거로 어떤 이야기를 할 수 있을까? 생활비는 올라갔을까? 또는 내려갔을까?

또는 아무런 변화도 없었을까?

작년을 기준으로 우유와 빵의 값을 100이라 하자. 그것이 금년에는 우유가 반(50%)이 되고 빵이 되려 2배(200%)가 되었으니, 50과 200의 평균은 125이므로 결국 물가는 25% 상승한 것이 된다.

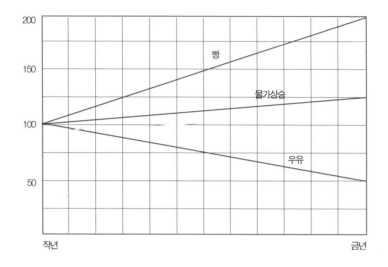

이번에는 금년을 기준으로 해서 다시 계산해보자. 그러면 작년에는 우유가 현재의 200%였고 빵은 현재의 50%로 판매되고 있었던 것이 된다. 따라서 그 평균은 125%이다. 그러므로 작년이 금년보다 25% 높은 것이 되어 버린다.

또 생활비가 작년과 금년 사이에 전혀 변하지 않았다는 것을 증명하기 위해서는 기하평균을 쓰기만 하면 되는데 이 경우에는 어느쪽 연도를 기준으로 잡아도 좋다. 기하평균이란 것은 산술평균과는 약간 다른 평균이지만, 산술평균과 마찬가지로 합법적인 평균값으로 때에 따라서는 매우 유용하게 여러 가지 사실을 제공하는 평균값이기도 하다.

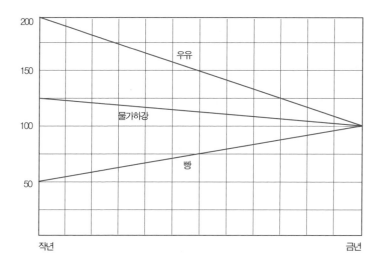

기하평균을 구하는 방법으로는, 세 개의 수가 있는 경우에는 이들을 서로 곱한 수의 세제곱근을 구하면 되고, 네 개의 숫자의 경우에는 이들을 서로 곱한 수의 네제곱근, 또 두 개이면 제곱근을 구하면 된다.

아래와 같이 쓰면 이해하기 편할 것이다.

두 수 a, b의 산술평균은 $\dfrac{a+b}{2}$ 이고 기하평균은 $\sqrt{ab}$, 세 수

a, b, c의 산술평균은 $\dfrac{a+b+c}{3}$ 이고 기하평균은 $\sqrt{abc}$ 등과 같이 정의한다.

예컨대 작년을 기준으로 하고 그 물가기준을 100이라 하자. 작년도 물가의 기하평균은 우유와 빵에 대하여 각각 100%를 곱한 것의 제곱근을 구하면 되므로 그 값은 100%가 된다. 금년의 경우는 우유가 작년의 50%, 빵이 작년의 200%이므로 50%와 200%를 곱해서 10,000%를 얻는데 이것의 제곱근이 바로 기하평균으로서 그 값은 100%가 된다. 따라서 물가는 오르지도 않고 내리지도 않았던 것이다.

통계의 기초는 수학이지만 그 실제 내용은 과학이면서 동시에 예술이기도 하다. 주어진 범위 내에서 여러 가지 조작이나 왜곡이 가능하기 때문이다. 따라서 때때로 통계학자들은 어떤 사실을 설명하기 위해서 주관적으로 판단하여 자신에게 알맞은 방법을 선택해야만 한다.

상업상의 목적으로 통계를 이용한다면, 카피라이터가 광고주의 상품을 '가벼우면서도 경제적'이라고 쓰지 '부서지기 쉬우면서도 싸구려'라고 쓰지 않는 것과 마찬가지로 해당 사업을 불리하게 만드는 방법을 택할 리 없다.

학문적인 연구를 하는 학자도 (본인 자신은 의식하지 못할 수도 있지만) 자신의 가치 판단과 나름대로의 생각이란 것이 있어 자신의 이해에 무관심할 수는 없다.

그러므로 신문이나 잡지, 책자 또는 광고에 나타나는 통계자료 또는 숫자들을 그냥 받아들이지 말고 한 번 더 자세히 검토해볼 필요가 있다. 조심스럽게 살펴 보면 엉터리나 속임수를 쉽게 찾아낼 수가 있기 때문이다. 그렇다고 무턱대고 통계적인 방법을 거부하는 것도 문제이다. 이는 마치 신문기사나 책 중에는 때때로 사실이나 관계를 밝히기보다는 오히려 이를 감추려는 것이 있다 하여 무턱대고 책이나 신문을 읽어서는 안 된다고 주장하는 것과도 같다.

플로리다주의 어떤 정치가는 선거운동에서 상대후보의 '독신주의'를 공격함으로써 선거를 매우 유리하게 이끌어 나갈 수 있었고, 영화 〈쿼바디스〉의 뉴욕 개봉관 주인은 이 영화에 대한 〈뉴욕 타임스〉지의 '위선의 역사'라는 혹평을 역이용하여 대박을 터뜨린 일도 있다. 또 특허 약품의 하나였던 'Crazy Water Crystals^(히피족이 애용했던 각성제)'의 제조회사는 그것이 '덧없는 순간적 안락'을 가져다 준다고 선전함으로써 대량판매에 성공한 일도 있다.

PART 10

통계의
속임수를 피하는
다섯 가지 열쇠

거짓 통계 간파하기

　지금까지 독자 여러분을 마치 뾰족한 칼끝과도 같은 교묘한 지침을 얻으려는 해적인 양 취급하면서 이야기를 이끌어 왔다. 이 마지막 장에서는 지금까지와 같은 미적지근한 수사 어구는 버리고 이 책의 행간에 들어 있는, 이 책 본래의 중요한 목적을 향해 단도직입적으로 이야기를 진행하려고 한다. 즉 거짓 통계를 어떻게 간파하여 내동댕이칠 수 있는가를 알아보자. 이는 매우 중요한 일인데, 앞의 여러 장에서 자세히 설파했던 저 수많은 사기와 협잡 속에서 올바르고 건전한 데이터를 어떻게 식별해 내는가에 관한 것이다.

　우리 눈에 띄는 통계자료를 모두 다 실험실의 화학 분석처럼 정확하게 검사할 수는 없다.

　그러나 다음과 같은 다섯 가지의 간단한 질문을 통해 통계자료를 찔러볼 수는 있으며, 또 그 답을 얻게 되면 대부분의

통계가 굳이 알 필요조차 없는 쓸모없는 잡동사니들이라는 것
도 알게 될 것이다.

첫째 열쇠

누가 발표했는가? 출처를 캐 봐야 한다

무엇보다도 가장 먼저 주의하여야 할 것은 왜곡된 통계를 찾아내는 일이다. 예를 들어, 어떤 실험실에서 무엇인가를 검증하였다면, 자신이 주장하는 이론의 완벽성을 과시하기 위해서인지, 또는 명예를 위해서인지 또는 돈을 목적으로 하는 것인지 알아볼 필요가 있다. 또 신문의 경우에는 그 목적이 바람직한 기사를 내기 위해서인지 아니면 다른 목적이 있는지, 예를 들어 임금 문제에 줄다리기를 하고 있는 노조 측인지, 경영자 측인지 등등을 잘 살펴볼 필요가 있다.

고의적인 왜곡은 반드시 찾아내야만 한다. 직접 대놓고 거짓을 말하거나 또는 일부러 애매하게 표현하여 자신에게 유리한 쪽으로 몰고 가는 것을 찾아야만 한다. 유리한 데이터만 골라 쓰고 불리한 데이터는 묵살해 버렸을지도 모르기 때문이다. 또 측정 단위를 슬쩍 뒤바꾸어 놓은 것도 그 한 예이다. 비교를 할 때, 기준 연도를 자신에게 유리하게 바꿔 치는 것을 말한다. 또 부적절한 측정법이 사용되어 있는 것도 찾아내야 한다. 예를 들어 중앙값을 사용해야 함에도 불구하고-아마도 너무 많은 것을 알려 주기 때문이겠지만- 산술 평균값을 사용하면서 그저 막연하게 평균이란 말로 어물쩍 넘어가는 경우를 조심해야 한다.

고의가 아니라 하더라도 무의식적으로 사용된 왜곡도 찾아내야한다. 이런 왜곡이 때로는 더 위험한 경우가 많다. 1928년(세계 대공황의 전년도) 여러 통계학자들과 경제학자들이 발표한 수많은 도표와 예측들은 엄청난 실수를 저지르고 말았다. 경제 구조상의 결함은 간과하고, 우리들은 이제 번영의 흐름으로 들어오게 되었음을 보여 주기 위한 여러 증거들을 거론하며 이를 통계적으로 뒷받침하고 있었던 것이다.

누가 그런 통계 숫자를 만들었는가를 찾아내기 위해서는 데이터를 적어도 다시 한번 잘 검토해 볼 필요가 있다. 그 '누구'란 바로 영국의 작가 스테펜 포터Stephen Potter가 말한 바와 같이 '권위라는 이름(OK name)'으로 불리는 유명인사들의 이름 밑에 숨겨져 있을지도 모르기 때문이다. 의학적 분위기를 조성하는 듯한 직업이라면 모두가 다 이 권위라는 이름에 속한다. 과학

관련 연구소도 권위라는 이름에 속한다. 마찬가지로 대학, 그 중에서도 종합대학교, 그 중에서도 전문 분야에서 명성이 높은 대학은 이 권위라는 이름에 속한다.

앞의 8장에서 여성이 대학에 입학하면 결혼의 기회가 줄어든다는 사실을 증명하던 기자는 코넬대학이라는 이름의 권위를 이용하였던 것이다. 이런 경우 데이터가 코넬대학에서 수집된 것은 사실이지만 그 결론은 완전히 기자 자신이 내렸다는 사실에 유의해야 한다. 그러나 코넬대학이라는 권위 있는 이름을 썼기 때문에 그 기사는 마치 '코넬대학의 조사에 의하면 ……'이라는 잘못된 인상을 심을 수 있다.

그러므로 권위 있는 이름이 인용되어 있을 때는 그 권위자가 그 이야기와 관련되어 있을 뿐만 아니라 그 사실을 지지하고 있는지도 확인하여 볼 필요가 있다.

당신은 혹시 〈시카고 저널 오브 코머스〉지의 자랑스러운 발표를 읽은 일이 있는지 모르겠다.

이 신문은 다음과 같은 여론조사를 했었다.

"한국전쟁으로 인한 물가고의 문제를 해결하기 위해 가격인상과 매점매석을 했나?"

이 질문을 한 169개 기업 중 3분의 2가 이 문제를 잘 해결했다고 답을 보냈다. 그래서 "조사결과에 따르면-이 단어만 나오면 오금을 못 편다- 이 회사들은 미국 기업 시스템의 적들이 비난했던 것과는 정반대로 순조롭게 문제를 해결했다"고 결론을 내렸던 것이다.

그런데 〈시카고 저널 오브 코머스〉지 자신이 질문의 당사자이니 만큼 '누가 발표했는가?'라는 질문을 던지기에는 꼭 알맞은 예이다. 그와 동시에 이 문제는 다음에 논할 두 번째 질문을 위해서도 꼭 알맞은 실례이다.

둘째 열쇠

어떤 방법으로 알게 되었는지 조사 방법에 주의해야 한다

앞의 예를 계속 살펴 보자. 처음에 〈시카고 저널 오브 코머스〉지는 1,200개의 큰 회사에 질문지를 돌렸다고 한다. 그러나 그 중 14%의 회사만이 회답을 보내왔다. 따라서 86%의 회사는 자신들이 매점매석을 했는지 또는 가격을 인상하였는지에 관해 공표할 의사가 없었던 것이다.

이에 대하여 이 신문은 시치미를 뚝 떼고 있었는데 사실상 이 기사의 내용에 대하여 별로 자랑스러워할 만한 것이 아무 것도 없었기 때문이다. 실상은 다음과 같았다. 조사 대상자인 1,200개의 회사 중 9%의 회사는 물가를 올린 일이 없다고, 5%는 물가를 올렸다고, 나머지 86%는 아무런 응답도 하지 않았다. 회답한 14%의 회사만이 표본이 된 셈이니, 이 표본이 왜곡된 것인지를 일단 의심해 보아야 한다.

표본의 왜곡 여부에 대해서도 그 증거를 찾아볼 필요가 있다. 표본의 추출 방법이 부적당했던 것은 아니었는지 또는 위의 조사의 경우처럼 조사하는 과정에서 나온 몇 개 안 되는 표본을 그대로 사용한 것은 아닌지를 따질 필요가 있다. 그리고 이 책 처음에 말한 것처럼 그 표본은 신뢰할 만한 결론을 얻기에 충분히 큰가의 여부도 따질 필요가 있다.

상관관계에 대해서도 마찬가지로 그 상관관계가 정말 의미 있는 것으로 결론지을 만큼 표본의 크기가 큰지, 그리고 또 어떤 유의한 결론을 내릴 만큼 충분히 많은 사례가 있었는지를 물어 보아야 한다. 물론 통계에 문외한인 당신이 결과의 유의성을 조사해 본다든가, 표본의 적절성을 따져볼 수는 없을 것이다. 그러나 발표된 여러 통계 숫자에 대해서 조금만 생각해 본다면 -어쩌면 좀 더 꼼꼼히 생각 해야겠지만- 합리적으로 추론할 수 있는 사람을 납득시키기에 충분한 사례가 그리 많지 않다는 것을 깨닫게 될 것이다.

셋째 열쇠

빠진 데이터는 없는지 숨겨진 자료를 찾아 보아야 한다

표본의 크기가 얼마인지 항상 알려 주지는 않는다. 이런 숫자가 빠져 있다면, 특히 그 출처가 중요한 관심사라면, 그 통계나 조사 전체에 대하여 의심해 볼 필요가 있다. 마찬가지로 신뢰도에 관한 자료(예컨대 확률 오차나 표준편차 등)가 빠져 있는 상관관계는 심각하게 여길 필요가 없다.

산술평균값과 중앙값의 차이가 클 것으로 예상되는 경우에는 편차가 명시되어 있지 않은 평균값에 대하여 특별히 주의할 필요가 있다.

비교할 다른 숫자가 빠져 있기 때문에 아무런 의미가 없는 숫자들이 많다. 몽고병(역주: 선천적으로 정신적 결함이 있고 용모는 몽고인종을 닮은 소아병)에 관한 〈루크Look〉지에는 다음과 같은 기사가 실렸다.

"2,800명의 몽고병 환자 중 그 절반 이상이 어머니의 나이가 35세 이상이었다."

그러나 이 기사를 제대로 이해하려면 일반적으로 여자들이 몇 살에 아이를 많이 낳는가에 관해 어느 정도의 지식이 있어야만 한다.

그러나 그런 지식을 가진 사람은 그리 많지 않은 것이 사실이다. 〈뉴요커New Yorker〉지에서 발췌한 1953년 1월 31일자의 '런던소식'란에 실린 기사를 소개한다.

"영국 보건성이 최근 밝힌 바에 의하면, 런던시의 사망률은 짙은 안개가 낀 주에 2,800명이 더 늘어났는데 이 숫자는 지금까지 이 불쾌한 기후 현상을 살인자라기보다는 성가신 존재로만 알고 있었던 일반대중에게는 큰 충격이었다. …… 이번 겨울에 찾아온 이 엄청난 살인적인 천재지변의 특징은 ….'

그런데 이 천재지변의 방문으로 도대체 몇 사람이 죽었단 말인가? 이 주일의 사망률은 보통 주일의 사망률과 비교해서 예외적으로 훨씬 높았단 말인가? 사망률이란 것은 주일에 따라 항상 변하기 마련이다. 이 사건이 일어난 다음 주일에는 어찌 되었는지? 평균사망률보다 낮아졌을까? 만약 그렇다면 짙은 안개로 인해 죽은 사람들이란 결국 그냥 놓아두어도 언젠가는 단시일 내에 죽을 사람들이 었던 것은 아니었을까? 이 기사의 숫자만 보면 엄청난 재앙인 것 같지만, 비교할 수 있는 다른 숫자가 없기 때문에 정확한 뜻을 파악할 수가 없었다.

때때로 백분율만 발표하고 실제 숫자는 빠져 있는 경우도 있는데, 이것도 일종의 속임수이다. 오래 전의 이야기이지만 존스 홉킨스Johns Hopkins 대학에서 남녀공학이 인정되어 여학생에게 입학을 허용하기 시작한 지 얼마 안 되어서의 일이다. 이때 남녀공학에 대해 그리 마음이 내키지 않았던 인사가 깜짝 놀랄 만한 사실을 보고한 일이 있었다. 즉 존스 홉킨스 대학에 등록된 여학생의 33.3%가 교직원과 결혼했다는 것이다. 그런데 이 백분율을 계산한 숫자를 보면 사정이 분명해진다. 즉 그당시 여학생 수는 모두 세 명뿐이었는데 그 중의 한 여학생이 어느 교수와 결혼했던 것이다.

2~3년 전 보스턴 상공회의소가 성공한 미국 여성을 선발한 일이 있었다. 그 중 16명은 모두가 보스턴시 명사 인명록에 실려 있는 여성들로, 이들의 학위 수를 합하면 모두 60개이고 자녀 수는 모두 18명이라고 발표하였다. 이 숫자를 보면 16명의 여성들에 대하여 어느 정도 알 것 같지만, 그 부인들 중에 버지니아 질더 슬리브Virginia Gilder Sleeve 학장과 릴리안 질브레드 Lillian M. Gilbreth 부인이 포함되어 있다는 사실을 알고 나면 생각이 좀 달라진다. 왜냐하면 이 두 부인이 전체 학위 수의 3분의 1을 소유하고 있었을 뿐만 아니라 질브레드 부인 혼자 12명의

자녀를 거느리고 있었기 때문이다.

어느 회사의 발표에 따르면, 그 회사의 주주는 3,003명으로 주주 한 사람이 소유하고 있는 주식 수는 평균 660주라 하였다. 이것은 사실이었다. 그런데 이 회사 200만 주의 주식 중 3/4에 해당하는 주를 단 세 사람의 주주가 소유하고 있었으며 나머지 1/4을 3,000명이 나누어 갖고 있는 것도 또한 사실이다.

지수를 알고 있다 하더라도 그 지수 외에 무엇이 생략되어 있는가를 찾아봐야 한다. 아마 지수를 계산할 때의 기준이 빠져 있을 가능성이 많은데, 무엇을 기준으로 정하느냐에 따라 왜곡된 통계 숫자를 만들낼 수 있기 때문이다. 언젠가 전국적인 어느 노조 단체가 발표한 바에 의하면 불황 후에는 이윤과 생산지수의 신장률이 임금지수의 신장률보다 훨씬 높았다고 한다. 그런데 임금 인상 요구의 근거로 제출된 이 그래프는 누군가가 생략된 기준 숫자를 파헤쳐 묻는 바람에 그 권위가 추락하고 말았다. 이 그래프에서는 가장 낮은 이윤을 기록했던 연도를 기준으로 잡았기 때문에 임금 상승률보다는 이윤 상승률 쪽이 훨씬 급상승할 수밖에 없었던 것이다.

때로는 생략된 것이 바로 변화를 일으키는 원인이 되는 경우도 있다. 이것이 생략되어 있기 때문에 이 변화는 다른 원인, 그래서 더 바람직하기를 원하는 원인 때문에 발생한 것처럼 보이기도 한다. 예컨대 어느 해에 발표된 소매상의 판매액을 보니 4월의 판매액이 그 전년도 4월보다 훨씬 증가해 장사가 매우 번창해진 것 같은 느낌을 주고 있었다. 그러나 이 통계에서는 그 전년도에는 3월에 부활절이 있었지만 그해에는 4월에 있었다는 사실을 밝히지 않고 빠뜨리고 있었다.

　과거 25년 간 암으로 인한 사망자 수가 크게 증가했다는 보고도 다음과 같은 외부 요인에 의한 것인가를 알기 전에는 사람들의 오해를 사기에 충분하다. 즉 오늘날 암이라고 일컬어지는 것 중에는 옛날에 '사망원인 불명'으로 처리된 것들이 많았다. 또 오늘날에는 옛날보다 부검을 더 많이 하게 되어 정확한 사망 원인을 알 수 있게 되었다. 또 의학상 여러 통계 데이터의 보고나 편집 방식이 그전보다도 훨씬 더 완벽해졌다. 또 오늘날에 와서는 더 많은 사람들이 암에 걸리기 쉬운 나이까지 생명이 연장되었다. 따라서 사망률이 아니고 사망자 수를 대상으로 할 때는 그전에 비해서 암으로 죽는 사람의 수가 훨씬 많아지게 된다는 사실을 잊어서는 안 된다.

넷째 열쇠

내용이 뒤바뀐 것은 아닐지 쟁점 바꿔치기에 주의해야 한다

통계를 분석할 때에는 그 기초가 된 데이터와 결론 사이에 어떤 바꿔치기가 있었는지 주의해야 한다. 전혀 다른 것으로 둔갑하여 발표되는 경우가 많기 때문이다.

방금 앞에서 언급한 사례이지만, 어떤 병의 환자 수가 많이 보고되었다고 해서 실제 그 병이 더 많이 발병했다고 말할 수는 없는 것이다. 또 여론조사에서 이긴다고 반드시 실제 선거에서도 당선된다고는 할 수 없다. 또 독자 여론조사 결과 독자들이 국제문제에 관한 기사에 흥미를 보이고 있다고 해서 실제로 그러한 기사를 다음 호에 실었을 경우도 그 독자들이 읽으리라는 보장도 없는 것이다.

1952년 캘리포니아주의 센트럴 밸리Central Valley가 보고한 뇌

염환자 수는 최악으로 일컬어졌던 그 전년도의 3배나 되었다. 깜짝 놀란 주민들은 자녀들을 다른 지방으로 피난시켰다. 그러나 실제로 사망자 수를 계산해 보았더니 별로 크게 증가한 것도 아니었다. 그 진상은 다음과 같았다. 오랫동안 골칫거리였던 이 문제를 해결하기 위해 주 정부 및 연방정부 보건당국은 다수의 관리들을 동원하여 뇌염의 진상을 조사했던 까닭에 그전 같으면 그냥 지나치거나 어쩌면 뇌염이라고 인정되지도 않았을 수많은 경미한 증상마저도 뇌염으로 기록했던 것이다.

이와 같은 일은 그 옛날 언젠가 뉴욕의 신문기자인 링컨 스티븐스Lincoln Steffens와 야콥 리스Jacob A. Riis가 날조해낸 범죄 파동을 떠올리게 한다. 그 당시 신문에 보도된 범죄사건은 갑자기 엄청나게 그 수가 증가하고 광범위해졌을 뿐만 아니라 대서특필되었기 때문에 사람들이 동요해 당국에 대책을 요구하기에 이르렀다.

당시 경찰제도개선위원회 위원장이었던 루스벨트Theodore Roosevelt는 심각한 궁지에 몰렸다. 그런데 그는 단순히 스티븐스와 리스 기자로부터 사표를 받음으로써 이 범죄 파동의 종지부를 찍을 수 있었다. 이런 범죄 파동이 일어난 이유는 이 두 사람이 주동이 되어 너나할 것 없이 모든 신문 기자들이 도둑이라든가 기타의 여러 범죄사건을 누가 가장 많이 찾아낼 수 있는가 하는 경쟁을 벌였기 때문이다. 물론 공식적인 경찰

기록에 따르면 범죄 건수의 증가는 전혀 발견할 수 없었다.

어느 신문에 실린 기사이다.

"5세 이상 영국 남성의 주 평균 목욕 횟수는 겨울철 1.7회, 여름철 2.1회이다. 여성은 겨울철 1.5회, 여름철 2.0회이다."

이 데이터의 출처는 영국 노동성의 입욕 조사보고서였는데 이 조사는 '6천 호의 전형적인 영국 가정'을 대상으로 이루어졌다고 한다. 이 신문의 주장에 따르면, 이 표본은 전체 모집단을 적절하게 대표할 수 있는 충분한 크기여서, 〈샌프란시스코 크로니클SanFrancisco Chronicle〉지가 "여성보다 더 자주 목욕하는 영국 남성"이라는 재미있는 제목을 달아서 이 조사의 결론을 정당화하였다.

이 숫자가 산술평균값이었는지 또는 중앙값이었는지를 밝혔더라면 더 많은 것을 알 수도 있었을 것이다. 그런데 사실상 연구의 주제가 바뀐 것이 문제였다. 노동성 관리들이 정말로 알아낸 사실은 '얼마나 자주 목욕했는지'가 아니라 '얼마나 자주 목욕했다고 말했는지'라는 것이었다. 영국 사람들의 목욕 습관에 관한 문제처럼 조사내용이 극히 사적인 문제에 관한 조사일 때는 이야기한 내용과 실제의 행동이 전혀 다를 수도 있는 것이다. 실제로 영국 남성이 여성보다도 더 자주 목욕을 했을지도 모르나 그렇지 않았을지도 모른다. 여기서 우리가 안전하게 내릴 수 있는 결론이란 '그들이 목욕을 한다고 말하더라'라는 정도의 결론일 것이다.

이와 같이 주의를 요하는 쟁점 바꿔치기의 예를 몇 개 더 나열해보자.

1935년 국세조사의 결과 5년 전에 비해 적어도 50만 호의 농가가 늘어났다는 것이 밝혀지면서 "농촌으로 돌아가자"라는 풍조를 확인한 적이 있었다. 그런데 이 두 숫자가 같은 내용을 나타내는 숫자가 아니라는 것이 문제였다. 국세청이 사용했던 농가의 정의는 5년 사이에 새로 바뀌어졌기 때문이다. 1930년 당시의 정의에 의하면 농가로 기록될 수 없는 적어도 30만 호의 농가가 1935년에는 농가로 기록되었던 것이다.

사람들의 이야기-설사 그 자체는 충분히 객관적인 사실로 보이더라도-를 토대로 이끌어 낸 통계 숫자에는 매우 이상한 결과가 나타나는 경우가 있다. 예를 들어, 국세청의 보고서에 의하면 34세나 36세가 된 사람의 수보다 35세가 된 사람의 수가 더 많은 것으로 되어 있다. 이런 이상한 결과가 나온 이유는 조사를 받을 당시 가족 중의 어느 한 사람이 다른 가족들의 정확한 연령을 알 수가 없을 때 대충 반올림하여 5의 배수가 되는 나이로 보고하기 때문이다. 이런 오류를 피하는 한 가지 방법은 연령이 아니라 생년월일을 묻는 것이다.

중국의 어느 넓은 지역의 인구는 2,800만 명이었는데 5년 후에는 1억 500만 명으로 늘어났다. 실제로는 거의 늘어나지 않았는데도 이렇게 엄청난 차이가 난 원인은 이 두 번에 걸친 인구 조사의 목적과 이에 대응하는 피조사인들의 응답 태도 때문이었다. 첫 번째 인구조사의 목적은 과세와 징병에 있었고, 두 번째 것의 목적은 기아 구제를 위한 것이었다.

이와 비슷한 현상이 미국에도 있었다. 1950년 인구 조사에서 10년 전보다 55세~60세 연령대의 인구보다 65세~70세 연령대의 인구가 더 많았다. 이민에 의한 증가로는 도저히 설명할 수 없는 차이였다. 이 인구 증가의 대부분은 사회보장제도에 의한 연금(65세 이상이 면 지급)을 받고 싶어 하는 사람들이 자기 나이를 큰 폭으로 속였기 때문이다. 물론 허영심 때문에 실제 나이보다 적게 응답하는 노인들도 있었을 것이지만.

쟁점 바꿔치기의 다른 예는 윌리엄 레인저(William Langer 1886~1959년, 미국 공화당 지도자의 한 사람) 상원의원의 다음과 같은 연설 내용이다.

"죄수를 알카트래즈Alcatraz 섬의 감옥에 가두어 두느니보다 차라리 월도르프 아스토리아Waldorf-Astoria 호텔에 옮겨놓는 것이 훨씬 싸게 먹힐 것이다 …."

노스다코다주 출신의 이 정치가는 이 연설을 하기에 앞서 "알카트래즈섬에서는 죄수 1인당 하루에 8달러의 비용이 드는

데 이 비용은 샌프란시스코 시내 고급 호텔의 하룻밤 숙박비와 맞먹는다"라고 이야기했었다. 이 경우에도 주제가 바뀌었는데, 알카트래즈 감옥의 죄수 1인당 총 유지비가 호텔의 하룻밤 방 값으로 둔갑한 것이다.

'전후 관계와 인과관계의 혼동post hoc'이라는 논리적 오류도 겉보기에 쉽게 파악하기 힘든 주제를 바꿔치기하는 수법 중의 하나이다. 전자와 후자와의 관계가 원인과 결과라는 관계로 바뀐 것이다. 언젠가 〈일렉트리컬 월드Electrical World〉지가 "미국에 있어 전기는 무엇을 뜻하는가"라는 사설에서 복합적인 도표를 사용한 일이 있었다. 이 도표를 보면 '공장에서의 전력 소비량'이 증가하는 데 따라 '시간당 평균임금'도 인상되는 것을 알 수가 있다. 그와 동시에 '주당 평균노동시간'은 감소하고 있었다. 물론 이 모든 것은 장기간에 걸쳐 일어나는 일종의 경향을 보여 주는 것일 뿐이며, 그 중의 어느 하나가 다른 것의 원인이 된다는 증거는 하나도 발견할 수가 없었다.

자신이 제1인자라고 주장하는 사람들이 있다. 누구든 그가 그리 특별한 사람이 아니라 하더라도 자신이 어느 분야에서든지 제1인자라고 주장할 수가 있다. 1952년 말 뉴욕의 두 신문사가 식료품 광고에 관해서는 자기들이 제1위라고 주장한 일이 있었다. 어느 의미에서는 두 신문사가 모두 옳았다. 즉 〈더 월드 텔레그램The World-Telegram〉지는 자기네만이 전판광고-지

방판에까지 일제히 같은 광고를 게재-를 한다는 점에서 제1위라고 주장하였다. 한편 〈저널 아메리칸Journal American〉지는 광고문의 총 행수로 순위를 결정해야 하며 그런 점에서 자기네 광고가 제1위라고 주장하였다.

이는 무엇이든지 최고급의 표현을 하고 싶어하는 사람들의 습관과도 같은 것으로서 마치 기상 예보관이 방송을 할 때에 아무런 이상 기후의 징조도 보이지 않은 평범한 날을 '1949년 이래로 가장 더웠던 6월 2일'이라고 표현하는 것과 같은 종류의 것이다.

직접 돈을 빌리는 것과 할부로 상품을 사는 것 중 어느 것이 비용을 절약할 수 있는지를 비교할 때에도 쟁점 바꿔치기 때문에 문제를 해결하기가 매우 어려워진다. 즉 양쪽이 모두 6%라 하더라도 6%의 뜻이 전혀 달라질 수도 있기 때문이다.

가령 6%의 이자로 은행으로부터 100달러를 빌리고 매월 균등하게 갚아나간다고 할 때, 그 이자는 실제 따지고 보면 대략 3% 정도가 된다. 그러나 6%의 대부금 제도, 즉 100달러의 원금당 6%의 이자를 내기로 되어 있는 대부금제도에서는 이자는 약 2배나 된다. 이 후자는 자동차 영업상들이 채택하고 있는 자동차 대부금의 이자 계산법으로서 매우 속기 쉽다.

이 경우의 핵심은 100달러를 1년 내내 빌리고 있는 것은 아니란 점이다. 6개월이 지나면 빌린 돈의 반은 이미 상환되어 있는 것이다. 따라서 만약 100달러에 대해서 6달러, 즉 처음에 빌린 액수에 대해서 6%나 되는 이자를 문다면 실제로는 거의 12%에 가까운 이자를 물게 되는 셈이다.

더 악질적인 방법이 있는데 그것은 1952년과 53년에 유행했던 것으로서 식료품까지 한 묶음으로 붙여 냉장고를 사들인 어리석은 사람들이 당한 경우이다. 구매할 때 이율은 6%에서 12% 사이의 어떤 정해진 이자가 붙는 것으로 되어 있었다. 이 숫자는 마치 연 이자처럼 들렸지만 사실 그런 것이 아니었다. 이는 위에서 말한 100달러의 원금에 대해 몇 달러라는 식의 이자였으며, 더 어처구니가 없었던 것은 상환기간이 1년이 아니라 6개월이었다는 점이다. 그러니 처음에 100달러 빌린 돈에 대해 매달 12달러씩의 이자를 붙여 꼬박꼬박 원금을 반 년간이나 갚아 나간다면 그 이율은 대략 48%나 된다. 따라서 이런 경우 채무불이행의 구매자가 속출되고 수많은 계약이 깨지게 된 것도 당연한 것이다.

때로는 쟁점 바꿔치기가 의미론적 접근 방법에 의해 이루어지는 경우가 있다. 〈비즈니스 위크Business Week〉지에 있는 다음 기사를 보자.

회계사들은 잉여금이란 말은 '고약한' 단어라 결정짓고 회사의 대차대조표에서 이 말을 삭제할 것을 제안했다. 미국 회계사협회 회계수속위원회는 이 제안에 따라 … 그와 같은 술어를 '유보수입' 또는 '고정자산상각' 등으로 기재하도록 권고하고 있다.

다음 문장은 어느 신문기사에 실린 것으로 스탠더드 석유회사의 기록 갱신적인 수익과 1일 100만 달러씩의 순이익에 관한 글이다.

"아마도 이사들은 한 주당 발생하는 이윤으로 나타내면 그리 큰 숫자로는 보이지 않을 터이니 …… 그 쪽이 유리할 것으로 보아 언젠가는 주식액면의 분할 문제를 생각하고 있을지도 모른다."

다섯째 열쇠

상식적으로 말이 되는 이야기인가 살펴 보고 조사해라

증명되지도 않은 가정을 토대로 장황하게 이야기가 전개될 때 '상식적으로 말이 되는 이야기인가?'와 같은 질문은 통계 숫자를 과대평가하지 않고 제대로 파악할 수 있게 해 주는 역할을 한다. 어쩌면 당신은 유명한 루돌프 플래쉬Rudolf Flash의 '가독성 공식readability formula'에 관해서 알고 있을지도 모르겠다. 주어진 문장이 얼마나 읽기 쉬운가를 측정하기 위하여 그 문장에 사용된 단어나 구절의 길이 등등의 간단하고도 객관적인 요소를 이용해 만들어낸 공식이다. 잴 수 없는 것이라도 숫자로 바꾸어버리거나, 판단하기 힘든 사물이라도 산수를 써서 판단한다든가 하는 따위의 여러 편법과 마찬가지로 이 공식도 확실히 설득력이 있다. 이 공식은 적어도 글 쓰는 사람 자신은 아니라 하더라도 신문 발행자와 같이 많은 작가나 기자들을 고용하고 있는 부류의 사람들에게 꽤나 마음에 들 수 있는 공식이다. 이 공식에서의 가정은 단어나 구절의 길이가 가독성을 결정한다는 데에 있다. 이런 가정은 흔하고 평범한 것처럼 보이지만 사실은 증명조차 되어 있지 않은 것이다.

그런데 로버트 듀포Robert A. Dufour라는 사람이 마침 주변에 있는 몇 개의 작품으로 플래쉬의 공식을 시험해 보았다. 그 결과는 〈슬리피 할로우의 전설The Legend of Sleepy Hollow, 워싱톤 어빙의 작품〉쪽이 플라톤의 〈국가론 Republic〉보다 1.5배나 읽기 힘든 것으로 나타났다. 또 싱클레어 루이스(Sinclair Lewis:1930년도 노벨문학상을 받은 미국인 작가)의 소설인 〈카스 팀벌레인 Cass Timberlane〉쪽이 자끄 마리땡(Jacque Maritain:프랑스의 철학자)의 〈예술의 정신적 가치 The Spiritual Value of Art〉보다도 읽기 힘든 것으로 나타났다.

있을 수 있는 이야기이다.

여러 통계들이 액면 그대로 받아들였다가는 큰일나는 거짓된 것들이다. 통계는 숫자라는 마술에 의해 사람들의 상식을 마비시켜버리는 까닭에 결코 사라지지 않는다. 레오나드 엔젤Leonard Engel은 〈하퍼즈〉지에 실은 논문에서 의학 분야에 관해 몇 가지 다음과 같은 예를 들었다.

한 예로 미국에는 800만 명의 전립선암 환자가 있다고 어느 유명한 비뇨기과 전문의가 계산하였다. 그런데 이 숫자는 암

연령에 도달한 성인 남자 한 사람당 1.1명의 전립선암 환자가 있다는 이야기이다. 또 하나의 예로 미국인 12명 중 한 명은 편두통을 앓고 있다는 저명한 정신과 전문의의 추정이 있었다. 만성두통 환자의 3분의 1은 편두통을 앓고 있으니 이 계산대로라면 우리들 네 명 중 한 사람은 이 두통에 시달려야 한다는 것이다. 또 다른 예로, 다발성혈관경화증의 환자 수로 잘 인용되는 25만 명이라는 숫자이다. 그런데 사망자 통계에 따르면 다행히도 미국에서는 이런 종류의 마비질환 환자 수가 3, 4만 명이 넘지 않음이 밝혀졌다.

사회보장법의 개정에 관한 청문회에서 논의되는 발언들을 자세히 들여다보면 말도 안 되는 발언들이 얼마나 난무하는지 모른다.

다음과 같은 논지의 발언도 그 중 한 예이다. 평균수명은 불과 63세에 불과하니 정년을 65세로 정해 사회보장계획을 세운다는 말은 그 나이 이전에 사실상 모든 사람이 다 사망해 버리니 기만이고 사기라는 것이다.

이런 주장들은 주위에 사는 사람들만 둘러보아도 쉽게 반박할 수가 있지만 그것은 그렇다 치더라도 이 논지의 잘못은 63세란 나이는 태어나면서부터의 평균수명을 뜻하는 것으로, 갓난아기들의 약 반 수가 이 평균수명 63세보다 더 오래 살 수 있다는 예상을 무시한 것이다. 공교롭게도 이 숫자는 최근 정부가 공식 발표한 생명표에서 나온 값으로 1939~1941년 사이의 기간에만 적용하던 숫자였던 것이다. 극히 최근의 추정에 의하면 이 숫자는 65세 이상으로 수정되어야 한다. 아마도 수정된 이 숫자를 가지고도, 모든 사람은 65세 밖에는 살지 못하니까 … 와 같은 어리석은 논의가 계속될 것이다.

어느 큰 전기기구 제조회사가 몇 해 전, 제2차세계대전 후의 경영계획을 재빨리 세운 일이 있었다. 이 계획은 전후에 출생률이 저하될 것이라는 일반인의 믿음을 토대로 세워졌는데 그 결과 소형전기기구와, 아파트 사이즈의 소형 냉장고 생산 등에 치중하자는 제안이었다. 그러던 중 계획 입안자 중의 한 사람이 위에서와 같은 전후 출생률 감소라는 상식에 도전했다. 그는 그래프와 도표에 파묻히지 않고 자기 자신과 동료, 친구, 이웃 사람들, 옛날 동창생 등등 거의 모든 사람이 예외 없이 셋 또는 네 자녀를 이미 갖고 있거나 또는 가질 계획이라는 것을 발견하였다. 그리하여 여러 사람들과 편견 없는 토론을 통해 의견 교환을 하게 되었고, 결국 이 회사는 계획의 중점을 대가족용 전기기구제조로 전환함으로써 큰 수익을 올렸다.

너무나 정확한 숫자도 상식에 맞지 않는 점이 있다. 뉴욕의 신문들은 가족을 가진 직업 여성이 가족과 함께 만족한 생활을 하기 위해 주당 40.13달러의 주급이 필요하다는 연구결과를 기사화 하였다. 조금 더 논리적으로 생각하며 이 기사를 읽어 나간 독자들이라면, 인간이 마음과 몸의 평안을 찾아 충족한 생활을 유지해 나가는데 필요한 경비를 산출하는데 무슨 놈의 마지막 1센트까지 계산을 해야 하는가를 의심하게 될 것이다. 그러나 바로 여기에 피치 못할 유혹이 도사리고 있다. 즉 '약 40달러'라고 하는 것보다는'40.13달러'라고 하는 것이 훨씬 그럴 듯하게 들리기 때문이다.

몇 해 전 미국 석유산업위원회가 자동차의 연평균 과세액이 51.13달러라고 발표한 일이 있었는데 이 숫자도 위에서와 같이 의심해 볼 만한 숫자이다.

외삽법은 어떤 경향을 예측하는 상황에서 매우 유용한 방법이다. 그러나 이 경향 예측을 위해 만든 숫자나 도표를 볼 때에 항상 다음 사항을 염두에 둘 필요가 있다. 즉 현재까지의 추세가 사실일지는 몰라도 미래에 대한 경향은 어디까지나 추측 이외에 아무것도 아니라는 점이다. 그리고 또 이 경향 예측 속에는 '다른 모든 상황이 변하지 않고', 또 '현재까지의 추세가 그냥 계속 된다'라는 가정이 은연 중에 내포되어 있다. 그런데 사실은 바로 이 '여러 다른 사항들'이 실제로는 변동하는 것이 다반사이고, 또 그렇지 않다면 인생이란 정말 따분하기 짝이 없었을 것이다.

제멋대로 활용되는 외삽법에 내재된 황당함의 한 가지 좋은 예로, 텔레비전 보급에 관한 경향 예측을 살펴보기로 하

자. 미국의 텔레비전 보급 대수는 1947년부터 1952년 사이에 10,000%로 늘어났다. 이러한 경향이 그대로 다음 5년 간 계속된다면 1957년에 가서 보급 대수는 수십 억대로 늘어날 판인데, 이런 일이 일어나도 큰일이겠지만 어쨌든 그때가 되면 한 가족 당 소유하는 텔레비전은 40대나 된다는 계산이 된다. 이보다도 더 멍청해지고 싶다면 기준 연도를 1947년이 아니라 그보다도 더 앞선 텔레비전 발명 당시로 소급해 올라가면 된다. 그런 경우에는 아마도 각 가정당 40대가 아닌 4만 대의 텔레비전을 갖게 된다는 것까지 증명할 수 있을 것이다.

통계청 직원인 모리스 한젠Morris Hansen은 갤럽Gallup사에서 발표한 1948년도의 선거결과 예측을 '인류 역사상 가장 널리 알려진 통계적 오류'라고 평하고 있다.

그러나 이것도 널리 알려진 장래 미국 인구에 관한 예측(전국적인 웃음거리가 된)에 비한다면 정확성에 관한 교본이라고 할 수 있을 정도로 정확하다. 1938년 당시만 해도 전문가들로 구성된 대통령자문위원회는 미합중국의 인구가 장래 1억 4,000만 명을 넘으리란 예측에 의심을 품고 있었다.

그로부터 꼭 12년이 지난 1950년도의 국세조사에서 의하면 미국 인구는 이보다 1,200만 명이나 더 많아졌다. 1954년에 출판된 대학 교과서에도 미국의 인구는 1억 5천만을 넘지 않을 것으로 예측하고 있으며 그 인구에 도달하는 데에는 1980년까지 기다려야 한다고 계산되어 있다(역주: 이미 1970년대 중반 미국 인구는 2억을 넘어섰다).

이와 같이 극단적으로 낮은 추정은 어떤 경향이 아무런 변화 없이 그대로 지속되리라는 가정 아래 이루어진 것이다. 약 1세기 전에도 비슷한 가정을 잘못한 적이 있었는데 1790년에서 1860년 사이의 인구증가율이 계속된다고 가정하여 앞의 예와는 정반대의 오류를 범한 사건이었다. 즉 당시 대통령 링컨Lincoln은 의회에 보낸 두 번째 교시에서 미국 인구는 1930년에 2억 5,168만 9,914명에 도달할 것이라고 예측하였던 것이다.

그로부터 얼마 지나지 않은 1874년 마크 트웨인Mark Twain은 〈미시시피 강에서의 삶Life on the Mississippi〉이란 책에서 외삽법의 황당함을 다음과 같이 요약 기록하였다.

"176년 동안 미시시피 강의 하류는 389km나 짧아졌다. 이를 평균으로 따지면 1년에 약 2.2km라는 하찮은 길이이다. 그러나 장님이나 바보가 아닐 바에야 누구든지 실루리아기(Old Silurian Period) 다시 말해 내년 11월부터 꼭 100만 년 전이 되는 시기에는 미시시피강 하류의 길이가 약 209만 km 이상의 길이로 낚싯대처럼 기다랗게 멕시코만 쪽으로 불쑥 튀어나가 있는 것으로 생각할 수 있을 것이다. 또같은 방식으로 생각하면 지금으로부터 742년 후 미시시피 강 하류의 길이는 불과

2.8km가 되어 카이로^{Cairo}시(일리노이주의 도시, 미시시피강과 오하이오강의 합류점에 위치함)와 뉴올리언스^{New Orleans}의 도시는 하나로 붙어버리게 되고 시민들은 합병된 시에서 한 명의 시장과 의회 의원들이 정치하는 평안한 나날을 보내게 될 것이다. 이처럼 과학이라는 것에는 묘한 매력이 있다. 사실이라는 보잘것없는 투자로 추측이라는 이렇게 커다란 월척을 낚을 수 있으니 말이다."

앞으로 유능한 시민이 되기 위해서는 읽고 쓰는 능력만으로는 부족하다. 통계에 대한 올바른 지식도 필요하다.

- H.G.웰즈

우리의 문제는 무지가 아니라 잘못 알고 있다는 사실에서 비롯된다.

- 아르테머스 워드

어림셈으로 계산된 수는 항상 거짓이다.

- 사무엘 존슨

통계학이라는 거창한 주제에 대한 글을 쓸 때마다 누구나 알기 쉽게 정확하고 완벽하게 표현하는 것이 얼마나 어려운지를 뼈저리게 느끼고 있다.

- 프란시스 갈튼

새빨간 거짓말 통계

지은이 대럴 허프
옮긴이 박영훈
발행일 2004년 4월 12일 초판 발행
2022년 1월 10일 개정판 발행
2023년 5월 20일 개정판 3쇄 발행
2024년 4월 19일 개정판 4쇄 발행
펴낸이 양근모
발행처 도서출판 청년정신 ◆ 등록 1997년 12월 26일 제 10—1531호
주 소 경기도 파주시 문발로 115 세종출판벤처타운 408호
전 화 031)955-4923 ◆ 팩스 031)624-6928
이메일 pricker@empas.com